本书编委会 ■ 编

电力企业新员工 必读

# 电力安全知识

## 读 本

中国电力出版社

CHINA ELECTRIC POWER PRESS

## 内 容 提 要

为了进一步加强对电力企业新员工的教育培训工作，临汾电力高级技工学校组织专家编写了《电力企业新员工必读》系列丛书。这套丛书包括《企业文化建设读本》、《电力安全知识读本》、《电力生产知识读本》、《职业公共知识读本》四分册。这套丛书编写的目的是引导和帮助电力企业新员工在最短的时间内认知企业，加快实现从学生向员工的转变，从"局外人"向"企业人"的转变，快速融入企业，进入角色，适应岗位要求。

本书为《电力安全知识读本》分册，全书共分九章，着重介绍了电力生产事故与危险点分析、安全生产法律法规、触电及触电急救、安全用具、电气设备倒闸操作票、电气工作票、习惯性违章控制、电气防火及防爆、电力企业安全文化等内容。

本套丛书是火电、供电企业新员工（大中专院校毕业生、军培人员）岗前培训的理想教材，也可供高等院校电力专业师生参考。

**图书在版编目（CIP）数据**

电力安全知识读本/《电力安全知识读本》编委会编. —北京：中国电力出版社，2014.1（2023.4重印）
（电力企业新员工必读）
ISBN 978 - 7 - 5123 - 4213 - 2

Ⅰ.①电… Ⅱ.①电… Ⅲ.①电力安全—基本知识 Ⅳ.①TM7

中国版本图书馆 CIP 数据核字（2013）第 054935 号

中国电力出版社出版、发行
（北京市东城区北京站西街19号 100005 http://www.cepp.sgcc.com.cn）
三河市航远印刷有限公司印刷
各地新华书店经售

\*
2014 年 1 月第一版 2023 年 4 月北京第五次印刷
850 毫米×1168 毫米 32 开本 10.375 印张 263 千字
印数 7001—8000 册 定价 **35.00** 元

# 各分册主要编写人员

《企业文化建设读本》　郝育青
《电力安全知识读本》　王润莲
《电力生产知识读本》　宋宁凤　　徐马宁　　高晓玲
　　　　　　　　　　　王宝琴　　郭卓力　　王建政
《职业公共知识读本》　宋水叶　　王青平　　成　英

# 前　言

"十二五"时期是我国电力工业发展的重要战略机遇期。当前，各级电力企业立足服务国家能源战略实施和社会主义和谐社会建设，全面落实"十二五"发展规划，大力实施"科技兴企"和"人才强企"战略，以人为本，科学发展，深化改革，创新管理，呈现出百舸争流、千帆竞发的发展态势。

人才是企业的第一资源。电力企业的超常规、跨越式发展，对员工素质提出了新的更高的要求。大力开展以安全生产、经营管理、企业文化等知识为重点教育培训工作，快速提升员工队伍的整体素质和岗位履职能力，对于进一步增强广大员工的积极性、主动性和创造性，推动企业又好又快发展，确保电力安全生产，促进企业、员工和社会共同发展，具有十分重要的意义和作用。

为了进一步加强对电力企业新员工的教育培训工作，临汾电力高级技工学校组织专家编写了《电力企业新员工必读》系列丛书。本套丛书包括《企业文化建设读本》、《电力安全知识读本》、《电力生产知识读本》、《职业公共知识读本》四分册。本套丛书编写的目的是引导和帮助电力企业新员工在最短的时间内认知企业，加快实现从学生向员工的转变，从"局外人"向"企业人"的转变，快速融入企业，进入角色，适应岗位要求。

这套教材由多年承担电力培训任务的教师、培训师和工程师编写，贴近企业实际，突出企业特点。从构思策划到组织编写，经过反复研讨、调研和修改，凝聚了许多电力人的心血，体现了严细、认真、求实的作风，希望对广大电力新进员工有所帮助。

本书为《电力安全知识读本》分册，全书由临汾电力高级技工学校王润莲主编，山西省电力公司刘吉发主审。

由于编者水平所限，书中难免存在错误和不妥之处，恳请广大读者批评指正。

编　者

2012 年 9 月

# 目　录

# 第一章

# 电力生产事故与危险点分析

## 第一节 安全生产教育

### 一、安全生产教育的重要性

安全是一个永恒的话题，安全生产时间久远，可事故的发生往往是一时的疏忽。因此，我们必须时时讲、天天讲、月月讲，念好电气安全这本经，安全为了生产，生产为了安全，安全是电业的生命线。

安全生产教育是企业安全管理的重要内容，是提高企业职工安全文化素质的重要手段。安全生产教育的重要性在于：

（1）现代化工业生产场所蕴藏着巨大能量，构成了潜伏着巨大危险的人工环境。对生产场所危险性的认识和事故预防已超出了一般人员的常识和经验范围，只有通过系统的安全教育，才能够认识环境中的潜在危险性，提高预防事故的自觉性。

（2）现代工业生产的物料、设备、仪器仪表、自动控制系统的认识与操作，具有很高的技术性和复杂性，同时现代化生产系统中也蕴藏着事故危险，只有经过专门教育、培训的专业人员才能熟练掌握。

（3）现代化工业生产是一个互相关联、密切协作的劳动群体系统运转的过程。它需要每一部分、每个员工的正常工作与不懈努力。因此，必须对全体人员进行安全生产教育，预防个体的不安全行为对整体的危害，以保证现代化工业生产的顺利进行。

对企业的干部和工人施行严格的、系统的安全教育，确保他们获得必需的安全知识和技能，增强安全意识，熟练掌握安全操作技能或安全生产管理能力，树立正确的安全人生观、价值观，自觉地贯彻执行安全法规以及各项安全规章制度，以保证生产安全。

## 二、安全教育在企业安全管理中的地位

### 1. 从企业性质看

我国是社会主义国家，这就决定了其必须体现党和国家对职工群众的关心和爱护。我国政府十分重视安全宣传教育工作，相继发过许多有关安全工作和安全管理的文件，如早在 1954 年劳动部就发布了《关于进一步加强安全技术教育的决定》，对安全生产教育的内容、形式作出了规定，要求认真贯彻执行。1963年，国务院发布了《关于加强企业生产中安全工作的几项规定》，要求企业单位把安全生产教育作为必须坚持的基本制度。1981年，国家劳动总局制定了《劳动保护宣传教育工作三年规划》，要求企业有计划地开展安全、劳动保护的安全教育和培训工作。社会主义的企业当然必须将其作为经营管理的基本原则之一。2002 年制定的《安全生产法》，明确了生产经营单位必须做好安全生产的保证工作，既要在安全生产条件上、技术上符合生产经营的要求，也要在组织管理上建立健全安全生产责任并进行有效落实。2004 年制定的《安全生产许可证条例》，明确规定了企业未取得安全生产许可证的，不得从事生产活动等。

### 2. 从企业的主人翁地位看

在我国，工人是国家的主人，也是企业的主人。我国社会主义的基本经济规律是：用现代技术使社会主义生产不断增长和不断完善，来保证最大限度地满足整个社会不断增长的物质和文化的需要。而满足劳动者对安全的要求自然也寓于其内。

一般而言，人的行为来自动机，而动机产生于需要。根据马斯洛需要层次论，人有五种需要，依次为生理需要、安全需要、社会需要、自我实现的需要和成就需要。五种需要呈阶梯式，由低级向高级发展。随着社会发展，物质文化生活水平的提高，生理需要既已满足，人们便又向更高的需要进取，这就必然产生更高的安全要求。对于企业领导者来说，满足职工的这种需求是对职工主人翁地位的保障。

3. 从企业的经济效益上看

企业的一切经济活动是以安全为依托的，企业的效益是建立在安全稳定的生产、经营秩序上的。一个企业如果不重视安全生产，不重视安全教育，那么职工的安全素质必定是低下的，这样容易导致事故的发生。一旦发生事故，将造成人员伤亡和国家财产的损失，轻则影响企业正常生产、经营秩序，重则造成企业停产、倒闭。企业要想取得良好的经济效益，就必须做好安全生产工作，重视安全教育，提高职工安全生产素质，提高自我保护能力，最大限度地减少事故的发生，实现安全生产的良性循环，才能更有效地提高企业的经济效益。安全、质量与经济效益的关系如图 1-1 所示。

图 1-1　安全、质量与经济效益的关系

综上所述，安全教育在企业安全管理中处于十分重要的地位，是企业安全管理工作的重要组成部分。

三、新岗职工的安全教育与培训

所谓新岗职工，是指刚刚走上工作岗位或由其他岗位转入新岗位的职工。搞好新岗职工的安全教育与培训是职工队伍安全意识形成的基础，注重新岗职工的安全教育与培训不仅能够有效地防止各种事故的发生，而且能够达到长期深入的教育效果，起到安全教育事半功倍的效果。

新岗职工具有下列特点：

（1）对新岗位的安全知识了解较少。新岗职工到岗后，常常处于茫然的状态，他们首先注重的是怎样适应自己的基本工作，多会在自己工作的基本步骤上用心钻研，从而忽略了安全意识的自我培养和安全技术知识的学习，对新岗位的工作目的、工作岗位规范、工作流程细节、事故危险点等知之甚少，或者对工作中的一些具体过程常常只知道怎样做，却未做安全需求方面的考虑。他们在工作中一旦遇到未接触过的细节问题或突发事故，就常常表现得茫然不知所措，从而给事故的发生与扩大造成隐患，不仅危及自己的生命安全，还严重影响企业的安全生产。

（2）理论与实践脱节。新岗职工到岗前通常接受了来自学校或接受过各种岗位培训，他们以往的专业学习仅局限于书本理论，虽然能在理论考核中从容应对，但对工作现场缺少了解，不知道怎样在具体操作中保证安全。

（3）忽视安全技术的学习。新岗职工通常都比较注意业务知识的学习，往往把重点放在设备的构造与性能、工艺流程与原理、具体操作与维护保养、故障的预防与排除等方面，而将本岗位的具体作业规范、职业危害和防治、防火常识、紧急救护等安全技术放在从属位置。对安全方面的认识有的一无所知，有的仅仅局限于熟记有关安全规程上，而安全规程不可能对现场的每一具体设备的操作和细节都做十分翔实的规定，这样新岗职工的安全意识自然淡薄，生产与安全之间的距离无形之中拉大了。

（4）容易产生"初生牛犊"意识。新岗职工大多是年轻人，面对即将走上新的人生历程和对未来工作的美好憧憬，往往会表现得非常激动和兴奋，对新的岗位总是具有新鲜感，有工作热情。因此，有些新岗职工对具体工作常常跃跃欲试，无形中产生"初生牛犊不怕虎"的冲动意识，这样忽视安全蛮干、盲干的现象就很难避免。电力行业是专业性很强的行业，不仅需要较高的理论水平，更需要较强的现场实践能力，因此，对新岗职工的安全教育与培训应给予足够的重视，同时针对性要强，促使新岗职工"少年老成"，避免"初生牛犊被虎吃"的憾事发生。

## 第二节 电力生产事故

### 一、电力生产事故定义

（1）事故。是指人们在从事生产等活动中，由于突然发生与人们意志相反的情况，迫使原来的行为暂时地或永久地停止下来的事件。

（2）电力生产事故。是指在从事电力生产过程中所发生的人身伤亡、设备损坏、电网瓦解等方面的突然事件。

电力生产中发生的事故，将给工作人员的生命安全和国民经济造成严重损失，对社会造成不良的影响。

### 二、电力事故分类

就事故的分类方法而言，有国家分类分级标准和方法，也有电力系统内部的分类分级标准与方法。目前，现行国家事故分类分级标准是 2007 年 6 月 1 日开始实施的国务院《生产安全事故报告和调查处理条例》。电力系统内部现行事故分类分级方法是由电监会颁布自 2005 年 4 月 1 日开始执行的《电力生产事故调查规程》。应当说电力系统有关事故的分类分级方法是国家事故分类分级方法结合电力生产及事故特点而制定的，是国家事故分类分级方法在电力系统的进一步具体化。

（一）国家事故分类分级方法

国务院《生产安全事故报告和调查处理条例》按照生产事故造成的人员伤亡或直接经济损失将事故分为以下等级：

（1）特别重大事故。是指造成 30 人以上死亡，或者 100 人以上重伤（包括急性工业中毒，下同），或者 1 亿元以上直接经济损失的事故。

（2）重大事故。是指造成 10 人以上 30 人以下死亡，或者 50 人以上 100 人以下重伤，或者 5000 万元以上 1 亿元以下直接经济损失的事故。

（3）较大事故。是指造成 3 人以上 10 人以下死亡，或者 10

人以上 50 人以下重伤，或者 1000 万元以上 5000 万元以下直接经济损失的事故。

（4）一般事故。是指造成 3 人以下死亡，或者 10 人以下重伤，或者 1000 万元以下直接经济损失的事故。

这一事故分级的规定与以往有关事故分级的方法有所不同，一方面增加了新的事故等级"较大事故"；另一方面，新定义的"重大事故"和"一般事故"比以往该等级所代表的事故要严重得多，如原来死亡 3 人以上即判为重大事故，现在则判为"较大事故"。

（二）电力生产事故分类分级方法

根据电力生产事故的发生对象，《电力生产事故调查规程》将电力企业事故分为三大类，即人身事故、电网事故和设备事故。

1. 人身事故

（1）电力生产人身伤亡事故的定义。发生下列情况之一为电力生产人身伤亡事故：

1）职工从事与电力生产有关工作过程中发生的人身伤亡（含生产性急性中毒造成的伤亡，下同）。

2）本企业聘用人员、本企业雇用或借用的外企业职工、民工和代训工、实习生、短期参加劳动的其他人员，在本企业的车间、班组及作业现场，从事电力生产有关的工作过程中发生的人身伤亡。

3）职工在电力生产区域内，由于企业的劳动条件或作业环境不良，企业管理不善，设备或设施不安全，发生设备爆炸、火灾、生产建（构）筑物倒塌等造成的人身伤亡。

4）职工在电力生产区域内，由于他人从事电力生产工作中的不安全行为造成的人身伤亡。

5）职工从事与电力生产有关的工作时，发生由本企业负同等及以上责任的交通事故而造成的人身伤亡。

6）职工或非本企业的人员在事故抢险过程中发生的人身伤亡。

7）两个及以上企业在同一生产区域从事与电力生产有关工作时，发生由本企业负同等及以上责任的非本企业人员的人身伤亡。

8）非本企业领导的具备法人资格企业（不论其经济形式如何）承包与电力生产有关的工作中，发生本企业负以下之一责任的人身伤亡：

a）资质审查不严，承包方不符合要求；

b）开工前未对承包方负责人、工程技术人员和安监人员进行应由发包方进行的全面的安全技术交底，并应有完整的记录；

c）对危险性生产区域内作业未事先进行专门的安全技术交底，未要求承包方制定安全措施，未配合做好相关的安全措施（含有关设施、设备上设置明确的安全警告标志等）；

d）未签订安全生产管理协议，或协议中未明确各自的安全生产职责和应当采取的安全措施以及未指定专职安全生产管理人员进行安全检查与协调。

9）政府机关、上级管理部门组织有关人员进行检查或劳动时，在生产区域内发生本企业负有责任的上述人员的人身伤亡。

（2）人身事故等级划分。电力企业发生人员伤亡事故具体类别与级别参照前述国务院《生产安全事故报告和调查处理条例》的规定。

2. 电网事故

电网事故分为特大电网事故、重大电网事故、一般电网事故、电网一类障碍和电网二类障碍。

（1）特大电网事故。

1）电网大面积停电造成下列后果之一者，为特大电网事故：

a）省电网或跨省电网减供负荷达到下列数值：

| 电网负荷 | 减供负荷 |
| --- | --- |
| 20 000MW 及以上 | 20% |
| 10 000～20 000MW 以下 | 30%或 4000MW |
| 5000～10 000MW 以下 | 40%或 3000MW |
| 1000～5000MW 以下 | 50%或 2000MW |

b）中央直辖市减供负荷 50％及以上；省会城市及其他大城市减供负荷 80％及以上。

2）其他经国家电网公司认定为特大事故者。

（2）重大电网事故。未构成特大电网事故，符合下列条件之一者定为重大电网事故：

1）电网大面积停电造成下列后果之一者：

a）省电网或跨省电网减供负荷达到下列数值：

| 电网负荷 | 减供负荷 |
|---|---|
| 20 000MW 及以上 | 8％ |
| 10 000～20 000MW 以下 | 10％或 1600MW |
| 5000～10 000MW 以下 | 15％或 1000MW |
| 1000～5000MW 以下 | 20％或 750MW |
| 1000MW 以下 | 40％或 200MW |

b）中央直辖市全市减供负荷 20％及以上；省会及其他大城市减供负荷 40％及以上；中等城市减供负荷 60％及以上；小城市减供负荷 80％及以上。

2）电网瓦解。110kV 及以上省电网或跨省电网非正常解列成三片及以上，其中至少有三片在片内事故前发电出力以及供电负荷超过 100MW，并造成全网减供负荷达到下列数值：

| 电网负荷 | 减供负荷 |
|---|---|
| 20 000MW 及以上 | 4％ |
| 10 000～20 000MW 以下 | 5％或 800MW |
| 5000～10 000MW 以下 | 8％或 500MW |
| 1000～5000MW 以下 | 10％或 400MW |
| 1000MW 以下 | 20％或 100MW |

3）发生下列变电所全停情况之一者：

a）330kV 及以上变电所（不包括事故前实时运行方式为单一线路供电者）；

b）220kV 枢纽变电所；

c）一次事故中 3 个及以上 220kV 变电所（含电厂升压站，不包括事故前实时运行方式为单一线路串接供电者）。

4）其他经国家电网公司或区域电网公司、省电力公司、国家电网公司直属公司认定为重大事故者。

（3）一般电网事故。未构成特、重大电网事故，符合下列条件之一者定为一般电网事故：

1）电网失去稳定。

2）110kV 及以上电网非正常解列成三片及以上。

3）110kV 及以上省级电网或者区域电网非正常解列，并造成全网减供负荷达到下列数值：

| 电网负荷 | 减供负荷 |
| --- | --- |
| 20 000MW 及以上 | 4％ |
| 10 000～20 000MW 以下 | 5％或 800MW |
| 5000～10 000MW 以下 | 8％或 500MW |
| 1000～5000MW 以下 | 10％或 400MW |
| 1000MW 以下 | 20％或 100MW |

4）变电站内 220kV 及以上任一电压等级母线全停。

5）110kV（含 66kV 双电源供电）变电站全停。

6）电网电能质量降低，造成下列后果之一：

（a）频率偏差超出以下数值：

a）装机容量在 3000MW 及以上电网，频率偏差超出（50±0.2）Hz，且延续时间 30min 以上；或频率偏差超出（50±0.5）Hz，且延续时间 15min 以上。

b）装机容量在 3000MW 以下电网，频率偏差超出（50±0.5）Hz，且延续时间 30min 以上；或频率偏差超出（50±1）Hz，且延续时间 15min 以上。

（b）电压监视控制点电压偏差超出电网调度规定的电压曲线值±5％，且延续时间超过 2h；或电压偏差超出±10％，且延续时间超过 1h。

7）电网安全水平降低，出现下列情况之一者：

a）实时为联络线运行的 220kV 及以上线路母线主保护非计划停运，造成无主保护运行（包括线路、母线陪停）。

b）电网输电断面超稳定限额运行时间超过 1h。

c）区域电网、省网实时运行中的备用有功功率小于下列数值，且时间超过 2h：

| 电网发电负荷 | 备用有功功率<br>（占电网发电负荷百分比值） |
| --- | --- |
| 40 000MW 及以上 | 2％或系统内的最大单机容量 |
| 20 000～40 000MW | 3％或系统内的最大单机容量 |
| 10 000～20 000MW | 4％或系统内的最大单机容量 |
| 10 000MW 及以下 | 5％或系统内的最大单机容量 |

d）切机、切负荷、振荡解列、低频低压解列等安全自动装置非计划停用时间超过 240h。

e）系统中发电机组 AGC 装置非计划停运时间超过 240h。

f）地区供电公司及以上调度自动化系统、通信系统失灵，延误送电或影响事故处理。

8）其他经区域电网公司、省电力公司、国家电网公司直属公司或本单位认定为事故者。

（4）电网一类障碍。未构成电网事故，符合下列条件之一者定为电网一类障碍：

1）电网非正常解列。

2）电网电能质量降低，造成下列后果之一：

（a）频率偏差超出以下数值：

a）装机容量在 3000MW 及以上电网，频率偏差超出（50±0.2）Hz，且延续时间 20min 以上；或偏差超出（50±0.5）Hz，且延续时间 10min 以上。

b）装机容量在 3000MW 以下电网，频率偏差超出（50±0.5）Hz，且延续时间 20min 以上；或偏差超出（50±1）Hz，且延续时间 10min 以上。

(b) 电压监视控制点电压偏差超出电网调度规定的电压曲线值±5%，且延续时间超过 1h；或偏差超出±10%，且延续时间超过 30min。

3）电网安全水平降低，出现下列情况之一者：

a）电网输电断面超稳定限额运行时间超过 30min。

b）区域电网、省网实时运行中的备用有功功率小于下列数值，且时间超过 30min：

| 电网发电负荷 | 备用有功功率<br>（占电网发电负荷百分比值） |
|---|---|
| 40 000MW 及以上 | 2%或系统内的最大单机容量 |
| 20 000～40 000MW | 3%或系统内的最大单机容量 |
| 10 000～20 000MW | 4%或系统内的最大单机容量 |
| 10 000MW 及以下 | 5%或系统内的最大单机容量 |

c）切机、切负荷、振荡解列、低频低压解列等安全自动装置非计划停运时间超过 120h。

d）220kV 及以上线路母线主保护非计划停运，导致主保护非计划单套运行时间超过 24h。

e）系统中发电机组 AGC 装置非计划停运时间超过 120h。

f）地区供电公司及以上调度自动化系统、通信系统失灵，影响系统正常指挥。

g）通信电路非计划停运，造成远方跳闸保护、远方切机（切负荷）装置由双通道改为单通道，时间超过 24h。

（5）电网二类障碍。电网二类障碍标准由区域电网公司、省电力公司及国家电网公司直属公司自行制定。

3. 设备事故

分为特大设备事故、重大设备事故、一般设备事故、设备一类障碍和设备二类障碍。

（1）特大设备事故。

1）电力设备（包括设施，下同）损坏，直接经济损失达1000万元者。

2）生产设备、厂区建筑发生火灾，直接经济损失达100万元者。

3）其他经国家电网公司认定为特大事故者。

（2）重大设备事故。未构成特大设备事故，且符合下列条件之一者定为重大设备事故：

1）电力设备（包括设施）、施工机械损坏，直接经济损失达500万元者。

2）100MW及以上机组的锅炉、汽轮机、发电机、抽水蓄能发电机损坏，50MW及以上水轮机、抽水蓄能水泵、水轮机、燃气轮机、供热机组损坏，40天内不能修复或修复后不能达到原铭牌出力；或虽然在40天内恢复运行，但自事故发生日起3个月内该设备非计划停运累计时间达40天者。

3）220kV及以上主变压器、换流变压器、换流器（换流阀本体及阀控设备，下同）、交流滤波器、直流滤波器、直流接地极、母线、输电线路（电缆）、电抗器、组合电器（GIS）、断路器损坏，30天内不能修复或修复后不能达到原铭牌出力；或虽然在30天内恢复运行，但自事故发生日起3个月内该设备非计划停运累计时间达30天者。

4）符合以下条件之一的发电厂，一次事故使2台及以上机组停止运行，并造成全厂对外停电者：

a）发电机组容量400MW及以上的发电厂；

b）电网装机容量在5000MW以下，发电机组容量100MW及以上的发电厂；

c）其他区域电网公司、省电力公司指定的发电厂。

只有一条线路对外的（指事故前的实时运行方式）或只有一台升压变压器运行的发电厂（如水电厂、燃机电厂等），若该线路故障时断路器跳闸或由于升压变压器故障构成全厂停电者除外。

5）生产设备、厂区建筑发生火灾，直接经济损失达到30万元者。

6）其他经国家电网公司或区域电网公司、省电力公司、国家电网公司直属公司认定为重大事故者。

（3）一般设备事故。未构成特、重大设备事故，且符合下列条件之一者定为一般设备事故：

1）发电设备和35kV及以上输变电设备（包括直配线、母线）的异常运行或被迫停止运行后引起对用户少送电（热）者。

2）发电机组、35kV及以上输变电主设备被迫停运，虽未引起对用户少送电（热）或电网限电，但时间超过24h者。

3）发电机组、35kV及以上输变电主设备非计划检修、计划检修延期或停止备用，达到下列条件之一者：

a）虽提前6h提出申请并得到调度批准，但发电机组停用时间超过168h或输变电设备停用时间超过72h；

b）没有按调度规定的时间恢复送电（热）或备用。

4）装机容量400MW以下的发电厂全厂对外停电。

装机容量400MW及以上的发电厂或装机容量在5000MW以下的电网中的100MW及以上的发电厂，单机运行时发生的全厂对外停电。

5）3kV及以上发供电设备发生下列恶性电气误操作者：带负荷误拉（合）隔离开关、带电挂（合）接地线（接地开关）、带接地线（接地开关）合断路器（隔离开关）。

6）3kV及以上发供电设备因以下原因使主设备异常运行或被迫停运者：

（a）一般电气误操作：

a）误（漏）拉合断路器（开关）、误（漏）投或停继电保护及安全自动装置（包括连接片）、误设置继电保护及安全自动装置定值；

b）下达错误调度命令、错误安排运行方式、错误下达继电保护及安全自动装置定值或错误下达其投、停命令。

（b）继电保护及安全自动装置的人员误动、误碰、误（漏）接线。

（c）继电保护及安全自动装置（包括热工保护、自动保护）的定值计算、调试错误。

（d）热机误操作，包括误停机组、误（漏）开（关）阀门（挡板）、误（漏）投（停）辅机等。

（e）监控过失：人员未认真监视、控制、调整等。

7）设备、运输工具损坏，化学用品（如酸、碱、树脂等）及燃油、润滑油、绝缘油泄漏等，经济损失达到 10 万元及以上者。

8）由于水工设备、水工建筑损坏或其他原因，造成水库不能正常蓄水、泄洪或其他损坏者。

9）发供电设备发生下列情况之一者：

a）炉膛爆炸；

b）锅炉受热面腐蚀或烧坏，需要更换该部件（水冷壁、省煤器、过热器、再热器、空气预热器）管子或波纹板达到该部件管子或波纹板总重量的 5％以上；

c）锅炉运行中的压力超过工作安全门动作压力的 3％，汽轮机运行中超速达到额定转速的 1.12 倍以上，水轮机运行中超速达到紧急关导叶或下闸的转速；

d）压力容器和承压热力管道爆炸；

e）100MW 及以上汽轮机大轴弯曲，需要进行直轴处理；

f）100MW 及以上汽轮机叶片折断或通流部分损坏；

g）100MW 及以上汽轮机发生水击；

h）100MW 及以上汽轮发电机组，50MW 及以上水轮机组、抽水蓄能水泵水轮机组、燃气轮机和供热发电机组烧损轴瓦；

14

i）100MW 及以上发电机绝缘损坏；

j）120MVA 及以上变压器绕组绝缘损坏；

k）220kV 及以上断路器、电压互感器、电流互感器、避雷器爆炸；

l）220kV 及以上线路倒杆塔。

10）主要发供电设备异常运行已达到规程规定的紧急停止运行条件而未停止运行者。

11）生产设备、厂区建筑发生火灾，经济损失达到 1 万元者。

12）其他经区域电网公司、省电力公司、国家电网公司直属公司或本单位认定为事故者。

（4）设备一类障碍。未构成设备事故，符合下列条件之一者定为设备一类障碍：

1）10kV（6kV）供电设备（包括母线、直配线）的异常运行或被迫停运引起对用户少送电者。

2）发电机组、35kV 及以上输变电主设备被迫停运、非计划检修或停止备用者。

3）35～110kV 断路器、电压互感器、电流互感器、避雷器爆炸，未造成少送电者。

4）110kV 及以上线路故障，断路器跳闸后经自动重合闸重合成功者。

5）抽水蓄能机组不能按调度规定抽水者。

6）经上级管理部门或本单位认定为一类障碍者。

（5）设备二类障碍。设备二类障碍标准由区域电网公司、省电力公司及国家电网公司直属公司自行制定。

### 三、人身事故分析与安全规程、两票制度

1. 电力生产中可能发生人身事故的因素

（1）触电事故：

1）误登带电设备；

2）误登带电线路杆塔设备；

3）误入带电设备间隔；

4）返送电；

5）感应电；

6）电气设备、电动工具漏电；

7）人员误操作。

（2）高处坠落事故：高处作业时，人体因势能差引起的伤害事故。

（3）机械伤害事故：机械设备及工具引起的伤害事故。

（4）物体打击伤害：失控物体的惯性力造成的人体伤害。

（5）烧烫伤、灼伤：高温物体、火焰、强酸、强碱、放射线等引起的伤害。

（6）起重伤害：起重作业中引起的机械伤害。

（7）中毒和窒息：接触有毒物质引起急性中毒或在不通风的地方工作由于缺氧引起的晕倒直至死亡。

（8）爆炸事故：锅炉、容器爆破，可燃气体、可燃挥发气体、可燃粉尘与空气混合引起爆炸伤害。

（9）火灾、坍塌、交通等造成的事故。

2．人身伤害事故的防范措施

（1）严格执行安全规程及制度；

（2）执行国家规范、标准；

（3）总结事故规律，吸取事故教训；

（4）改进安全作业的环境和条件；

（5）落实劳动保护和安全防护设施，如戴安全帽和安全带；

（6）加强组织管理。

3．安全规程和"两票"制度

（1）本书所讲的安全规程指的是以下四项规程：

1）国家电网安监〔2009〕664号《国家电网公司》《电力安全工作规程（变电部分）》；

2）国家电网安监〔2009〕664 号《国家电网公司电力安全工作规程（线路部分）》；

3）GB 26164.1《电业安全工作规程　第 1 部分：热力和机械》；

4）基建施工部分。

（2）"两票"制度。"两票"是指工作票和操作票。

### 四、电力生产应防止的重大事故

电力生产应防止的重大事故包括：

（1）防止火灾事故；

（2）防止电气误操作事故；

（3）防止大容量锅炉承压部件爆漏事故；

（4）防止压力容器爆破事故；

（5）防止锅炉尾部再次燃烧事故；

（6）防止锅炉炉膛爆炸事故；

（7）防止制粉系统爆炸和煤尘爆炸事故；

（8）防止锅炉汽包满水和缺水事故；

（9）防止汽轮机超速和轴系断裂事故；

（10）防止汽轮机大轴弯曲、轴瓦烧损事故；

（11）防止发电机损坏事故；

（12）防止分散控制系统失灵、热工保护拒动事故；

（13）防止继电保护事故；

（14）防止系统稳定破坏事故；

（15）防止大型变压器损坏和互感器爆炸事故；

（16）防止开关设备事故；

（17）防止接地网事故；

（18）防止污闪事故；

（19）防止倒杆塔和断线事故；

（20）防止枢纽变电所全停事故；

（21）防止垮坝、水淹厂房及厂房坍塌事故；

（22）防止人身伤亡事故；

（23）防止全厂停电事故；

（24）防止交通事故；

（25）防止重大环境污染事故。

## 五、事故与心理

发生电力生产、基建事故的原因是多方面的，如领导安全思想松懈，对安全不重视；工作负责人不负责任，严重失职；工人违章作业，作业中盲目蛮干；缺乏必要的安全技术知识，文化素质低，等等。此外，电力工作人员在作业时的心理状态不良，也是事故发生的原因。

电业部门长期以来建立了一套比较严密和完整的有关安全生产规程及制度，确立了各级人员的安全生产责任制。国家电网公司、集团公司、省电力公司每年均要召开安全工作会议，各厂（分公司）对新进厂人员都要进行三级教育，各班组每周还要进行安全日活动。所有电力工作人员都希望顺利完成任务而不出任何事故，但事故依然时有发生。一方面有严密完整的安全生产制度；一方面却经常出现违章作业。有个别工作负责人一方面大讲安全生产；一方面却玩忽职守，甚至瞎指挥。对这些现象可从事故责任者的心理状态来进行分析。

（1）侥幸心理。明知应该这样做才能保证安全，并且过去也多次按章行事，但有时嫌麻烦，为了省事这一次就不按章办了，心想这一次不一定就会出事吧，结果还是出了事。

（2）习以为常，思想麻痹。有些人干了许多年，具有一定的经验，随着经历的增长和工作经验的增多，安全工作的概念逐渐淡薄，许多人抱着"小河沟里难翻船，不必事事讲安全"的麻痹心理，有时虽未曾按安全操作规程作业，但未发生事故；还有的青年工人沿袭师傅的错误做法，认为这些做法已是几代师傅传下来的，对错误做法习以为常，满不在乎，以致思想麻痹，酿成事故。

（3）过于自信，不求上进。有些人对自己工作范围内的设备构造和性能并不甚清楚，也缺乏足够的实际经验，而自己又过于自信，当发生异常情况时，判断错误、处理不当而发生事故。

（4）情绪失调或心急求快。有的人因家庭或个人遇到困难或不快；有的人工作不安心，要求调动又长时间解决不了，有的人在升级调资或奖金问题上感到自己吃亏而不满；有的人班上工作还未干完，又想着下班还有另外一件私活要干，干活时心急求快；逢过年过节时，人虽然在工作岗位上，但心里老想着过节采购东西的事。以上种种情绪失调低下、干活精力不集中的心态，均使判断力降低、心理和动作失调，进而导致事故发生。

（5）专注一点，顾此失彼。有些人往往在作业时未把作业的全过程事先进行完善的、周密的思考，而是在专心干某一项工作时，忽视了与此工作相关联的其他措施，从而导致事故发生。

以上是电力工作人员在作业时可能出现的几种心理状态，而这些心理状态的产生往往会导致事故的发生，故在电力生产、基建作业时，作业人员应有的良好的心理和精神状态，避免由此而造成事故。

## 第三节　危险点分析预控理论

危险点分析预控理论是近年来电力企业在预防事故中摸索出来的做法，其突出点在于：

（1）把诱发事故的客观原因归纳为危险点的存在。

（2）把危险点演变成现实事故看成是一个逐渐生成、扩大、临界和突变的过程。

（3）提出预防事故的重点应放在分析预控危险点上。

（4）提出习惯性违章是生成、扩人危险点甚至使危险点发生突变的重要因素。为使作业人员和设备不受危害，必须有效地控制危险点。

## 一、危险点含义及特点

1. 危险点含义

电力行业中所说的危险点，是指在作业中有可能发生危险的地点、部位、场所、工器具和行为动作等。危险点包括以下三个方面：

（1）有可能造成危害的作业环境。如作业环境中存在的有毒物质，将会直接或间接地危害作业人员的身体健康，诱发职业病。

（2）有可能造成危害的机器设备等物体。如机器设备没有安全防护罩，其运动部分裸露在外，与人体接触，就会造成伤害；带电的裸露的电源线，如果人与之接触，就会发生触电事故。

（3）作业人员在作业中违反安全工作规程，随意操作。如有的作业人员在高处作业不系安全带，即使系了安全带也不按规定系牢等。

作业环境中存在的不安全因素、机器设备等物体存在的不安全状态、作业人员在作业中的不安全行为，都有可能直接或间接地导致事故的发生，因此可以把它们都看成是作业中存在的危险点，从而采取措施加以防范或消除。

2. 电力生产作业中存在的危险点特点

（1）危险点具有客观实在性。

（2）危险点具有潜在性。

（3）危险点具有复杂多变性。

（4）危险点具有可知可防性。

3. 电力企业生产工作中危险点的生成

主要有以下五种情况：

（1）伴随着作业实践活动而生成的危险点。

（2）伴随特殊的天气变化而生成的危险点。

（3）伴随机械设备制造缺陷而生成的危险点。

（4）因缺乏维修和检查，机械设备缺陷生成的危险点。

（5）违章冒险作业直接生成的危险点。

危险点是一种诱发事故的隐患，事先进行分析预控并采取措施加以防范，就可以化险为夷，确保安全。

危险点分析预控是对有可能发生事故的危险点进行提前预测和预防的方法。它要求各级领导和工人对电力生产中的每项工作，根据作业内容、工作方法、机械设备、环境、人员素质等情况，超前分析和查找可能产生危及人身或设备安全的不安全因素，再依据有关安全法规，研究制定可靠的安全防范措施，从而达到预防事故的目的。

分析预控危险点，是指有目的地根据过去和现在已知的情况，对即将开始的作业中危险点的状况进行估计、分析、判断和推测，有针对性地制定安全防范措施，保证作业安全、顺利、圆满地完成。

**二、危险点分析预控能有效预防事故**

做好危险点的分析预控工作，可使诱发事故的人为因素得以消除，把事故遏制在萌芽状态。

（1）做好危险点分析预控工作，可以增强人们对危险点危险性的认识，克服麻痹思想，防止冒险行为。

一些事故的发生，与当事人对作业中可能存在的危险点及其危害性认识不足，有险不知险有直接关系。做好危险点分析预控工作，让每个在现场作业的职工都明确现场作业存在哪些危险点，有可能造成什么样的后果，就可以避免伤害。

（2）做好危险点分析预控工作，能够防止由于仓促上阵而导致的危险。准备不充分，安排不周，忙乱无序或图方便简化和颠倒作业步骤，这本身就埋藏着事故隐患。

（3）做好危险点预控工作，能够防止由于技术业务不熟而诱发的事故。在作业前，开展危险点分析预控活动，实际上就是对安全工作重要性的再认识，对有关作业的工艺、技术业务的再学习。作业人员虽然已经过培训，持证上岗，但是要把学到的理论知识转变为实际能力还需要一个过程；由于作业的对象、时间、地点及复杂情况、危险点发生变化，已经学到的理论知识或获得的经验体会不可能完全满足需要。开展危险点分析预控活动，能帮助作业人员研究新情况，接受新知识，解决新问题，使人身和设备安全得以保证。

（4）做好危险点分析预控工作，能够使安全措施更具针对性和实效性，确实起到预防事故的作用。以往的教训是作业人员对作业中存在的危险点心中无数，工作票中提出的安全措施缺乏针对性和可操作性，导致事故发生。例如，一次某班在 10kV 变压器台上更换避雷器，工作票上只填写了"注意扎好安全绳"字样。作业人员孙某到了现场在未全部拉开跌落式熔断器的情况下即登上变压器台，结果触电身亡。此项作业如开展危险点分析预控活动，针对危险点填写应注意的安全事项和应采取的措施，就能防患于未然。

（5）做好危险点分析预控工作，能够减少甚至杜绝由于指挥不力而造成的事故。指挥人员由于不熟悉作业中存在的险情或凭主观臆断进行指挥，极有可能造成事故，甚至会造成群死群伤。

**三、预控危险点基本作法**

1. 在进行危险点分析预控时必须注意的问题

（1）收集的资料必须充实。一般来说，在以过去作业情况作为依据时，其作业情况与将要开展的作业情况（时间、地点、作业过程、使用的工器具、作业人员的素质等）越类似，相比照而推断出的危险点越准确。因此，选择过去进行的作业一定要有可比性。

（2）对时间较长、过程较复杂的作业，除了对其可能存在的危险点作出概略的预测外，应把整个作业过程分为若干小阶段，预测出每个小阶段可能存在的危险点。作业阶段越短，预测出的危险点越可靠。

（3）要坚持把实践作为检验预测正确与否的标准。在作业前预测到的危险点和采取的防范措施是否与实际作业情况相符，还必须接受实践的验证。凡是与实际作业情况相符的，说明所作出的预测是准确无误的；反之，与实际作业情况不符或部分符合，则说明所作出的预测有误，应该依照实际情况重新作出预测和采取相应的防范措施。

2. 电力安全工作规程是分析预控危险点的行动指南

理论源于实践，又指导实践。各类电力作业安全工作规程，就是预控作业中存在的危险点的行动指南。因为各类安全工作规程都是在前人血和生命教训及预防事故经验的基础上总结出来的，又经过实践检验证明是正确的科学真理，它是分析和预控危险点的行动指南。只有以安全工作规程为指导，分析预控危险点，所得出的预控结论才具有更高的可靠性；也只有以安全工作规程为指导研究制定安全措施，并落到实处，分析预控危险点才能更加卓有成效。

（1）电力安全工作规程指明了各类作业中存在的危险点。各类安全工作规程里，都有"不得"、"严禁"、"防止"等表述，实际上，只要稍加分析，就可以知晓它是针对具体危险点而言的。

（2）每类作业都有各自的安全工作规程。在作业前，要认真学习安全工作规程，并以此为指导分析作业的实际情况，找出可能存在的危险点。

（3）安全工作规程指明了各类作业中危险点的预控措施。规程中有关应该怎么做、不该怎么做，以及一些标准界限划分的表述，实际上都是预控危险点的基本措施，对同一类作业具有适用性和可操作性。

（4）安全工作规程还指明了一旦发生危险后应采取的措施，以便把损失减到最低程度。

加强安全工作规程的学习，熟练掌握安全工作规程，对分析预控危险点是十分重要的。

3. 分析预控危险点的原则

（1）要有很强的自觉性，有非常明确的目的。分析预控活动要紧紧围绕安全生产这一目的来展开。

（2）要有很强的科学性。认识和运用客观规律，为安全生产服务。也就是说，分析预控危险点括动，应该在安全科学理论指导下，运用科学的方法进行分析预控，找出预控危险点的规律性。

（3）要有很强的预见性。在进行分析预控时，必然要借助于过去和现在的情况，但它绝不仅仅是对过去和现在的经验教训作出总结，而是把分析的对象指向未来，即指向即将开始的作业实践，对其没有显露却有可能存在的危险点进行推测。

（4）要有很强的实践性。首先，它不能停留在对即将开始的作业中存在哪些危险点，每处危险点有可能造成哪些危害等一般认识上，更重要的是，它要运用分析预控得出的结论指导作业实践，加大管理力度，投入可靠的设施，使这些危险点得到有效控制。

4. 分析预控危险点的方法

（1）归纳分析预控危险点法。它是从已知的一些具体的事实中，分析推断出即将开始的作业中也会存在同类的危险点的一种方法。这些已知的具体事实，既可以是本单位过去经历过的经验教训，也可以是本单位在同类作业中曾经发生过的事故。

（2）演绎分析预控危险点法。它是从危险点存在的一般规律，分析推断即将开始的作业中存在危险点的一种方法。

（3）调查分析预控危险点法。它是通过考察、多方了解情况，分析推断即将开始的作业存在危险点的一种方法。要了解即将开始的作业中存在的危险点，还应进行调查研究，在掌握大量情况的基础上，进行去伪存真，去粗取精，由表及里地分析加工。调查的方法很多，既可以到作业现场考察，了解那里的作业环境、工作对象，也可以向有过此类作业经验的内行请教，了解他们的意见和看法，还可以发动作业人员展开讨论，群策群力地分析预控危险点。在调查中，不仅要了解危险点有哪些、危险点的发展趋势和有可能造成的危害，而且要了解应该采取哪些预控措施。这样，才能提高分析预控危险点的可靠程度。

（4）运用危险环境预测法分析预控危险点。作业环境是指作业现场周围的情况和条件。安全的作业环境不会给作业人员带来伤害，即使作业人员发生人为的失误，也会减少伤害；反之，作业环境危险，即存在危险点，加之作业人员人为的失误，就有可能造成事故，其伤害程度也会扩大。对危险环境进行分析预控，找出其存在的危险点，并采取积极措施消除隐患，使之处于安全状态，是预防事故、保证作业安全的重要措施。

（5）运用事故致因结构重要度理论分析预控危险点。事故致因结构重要度分析是分析事故致因的一种方法，是通过分析各要素对事故发生的影响程度，从中找出起决定作用的要素，进行重点预防的方法。事故致因在一定程度上就是指诱发事故的危险点。

5. 分析预控危险点的一般步骤

（1）认真了解即将开展的作业情况，分析它所具有的特点以及给安全工作提出的课题。同时，回顾过去完成的同类作业所积累的经验教训，作为预控此次作业危险点和制定安全防范措施的参照。过去完成的同类作业与此次作业的情形越相近，其可参照性就越大。而对此次作业的情况越熟悉，所分析的特点越透彻，对可能出现的问题估计得越充分，找出的此次作业中可能存在的危险点就越全面、准确。

（2）召开会议进行具体的分析预测。与会人员应该是即将从事此次作业的人员，特别应注意邀请有此类作业实践经验的老工人或技术人员参加会议。应把即将开始的作业的全过程分成若干阶段，让大家逐个阶段地寻找有可能存在的危险点，并提出安全防范的方法。每次作业中存在的危险点有可能是一两个，也可能是多个，因此在分析预测的时候，应尽可能地把所有的危险点都找出来。最后，集中大家的意见，归纳出此次作业中应重点加以防范的危险点。

（3）围绕确定的危险点，制定切实可行的安全防范措施，并向所有参加此次作业的人员进行交底。

# 第二章
# 安全生产法律法规

## 第一节　法律法规对安全生产条件的一般规定

保障安全生产需要从各个方面采取综合措施，其中具备安全生产条件是保障安全生产的前提和基础。

### 一、安全生产法律法规体系构成

衡量企业是否具有安全生产条件的依据是有关法律、行政法规、规章和国家标准或者行业标准。

法律是指全国人民代表大会及其常务委员会制定的法律文件。目前，与安全生产条件有关的法律主要有《安全生产法》、《职业病防治法》、《劳动法》。

行政法规是指国务院依据宪法和有关法律制定的规范性文件，颁布后在全国范围内施行。目前，与安全生产条件有关的行政法规主要有《安全生产许可证条例》、《电力监管条例》等。

规章是指国务院各部委制定的规范性文件，根据其制定机关不同可分为两类：①部门规章，是由国务院组成部门及直属机构在其职权范围内制定的规范性文件，部门规章规定的事项属于执行法律或国务院的行政法规、决定、命令的事项；②地方政府规章，是由省、自治区、直辖市人民政府以及省、自治区人民政府所在地的市和经国务院批准的较大的市的人民政府依照法定程序制定的规范性文件。规章在各自的权限范围内施行。目前，有关安全生产许可的规章有《国家电力监管委员会安全生产令》、《电力安全生产监管办法》、《电力生产事故调查暂行规定》、《电力二次系统安全防护规定》、《电工进网作业许可证管理办法》等。

依据《中华人民共和国标准化法》，我国现行的标准体系主要由国际标准、行业标准和地方标准三级组成。

国家标准是在全国范围内统一制定的技术要求，由国家质量监督检验检疫总局制定。国家标准是我国标准体系的主体。

行业标准是在没有国家标准而又需要在全国范围内统一制定的标准，是国家标准的补充。

地方标准是在没有国家标准和行业标准，而又需要在省、自治区、直辖市范围内统一的标准。在公布国家标准或者行业标准后，该项地方标准即行废止。

国家标准和行业标准分为强制性标准和推荐性标准。保障人身安全健康、财产安全的标准以及法律、行政法规规定强制执行的标准是强制性标准，其他标准是推荐性标准。地方标准在本行政区域内是强制性标准。

强制性国家标准的代号为 GB，推荐性国家标准的代号为 GB/T。安全类国家标准一般为强制性标准。行业强制标准代号一般由行业名称汉语拼音的首个字母构成，如电力行业标准采用 DL，安全行业标准采用 AQ，卫生行业标准采用 WS，劳动和劳动安全行业标准采用 LD 等。与推荐性国家标准类似，推荐性行业标准则在行业代号后加/T。

目前，常用的电力行业标准有《农村低压电气安全工作规程》（DL 477—2010）、《农村安全用电规程》（DL 493—2001）、《农村低压电力技术规程》（DL 499—2001）、《国家电网公司电力安全工作规程（变电部分）（线路部分）》（国家电网安监〔2009〕664 号）等。

各类标准都处于动态管理之中，每年由国务院主管部门公布新制定、修订、废止的标准，在使用标准时需要核对其是否为现行的标准❶。

**二、法律法规对安全生产条件的一般规定**

《安全生产法》第一章"总则"第四条规定："生产经营单位必须遵守本法和其他有关安全生产的法律、法规，加强安全生产

---

❶ 通过中国标准服务网（网址：www.cssn.net.cn）可以核实一个标准是否为现行标准。

管理，建立、健全安全生产责任制度，完善安全生产条件，确保安全生产。"《安全生产法》第二章"生产经营单位的安全生产保障"第一条（总第十六条）明确规定："生产经营单位应当具备本法和有关法律、行政法规和国家标准或者行业标准规定的安全生产条件；不具备安全生产条件的，不得从事生产经营活动"。

《职业病防治法》第四条规定："用人单位应当为劳动者创造符合国家职业卫生标准和卫生要求的工作环境和条件，并采取措施保障劳动者获得职业卫生保护"。

《劳动法》第六章"劳动安全卫生"第五十四条规定："用人单位必须为劳动者提供符合国家规定的劳动安全卫生条件和必要的劳动防护用品，对从事有职业危害作业的劳动者应当定期进行健康检查"。

以上各项规定说明，任何有关安全生产的基本法律，都会强调安全生产条件的基础作用，是企业进行生产的最基本要求，任何生产过程只有在满足基本安全生产条件的基础上才能进行。

## 第二节 《国家电网公司电力安全 工作规程（变电部分）》节选

**一、对作业人员的要求**

（1）作业人员的基本条件。

1）经医师鉴定，无妨碍工作的病症（体格检查每两年至少一次）。

2）具备必要的电气知识和业务技能，且按工作性质，熟悉本规程的相关部分，并经考试合格。

3）具备必要的安全生产知识，学会紧急救护法，特别要学会触电急救。

（2）各类作业人员应接受相应的安全生产教育和岗位技能培训，经考试合格上岗。

（3）作业人员对本规程应每年考试一次。因故间断电气工作连续 3 个月以上者，应重新学习本规程，并经考试合格后，方能恢复工作。

（4）新参加电气工作的人员、实习人员和临时参加劳动的人员（管理人员、临时工等），应经过安全知识教育后，方可下现场参加指定的工作，并且不得单独工作。

（5）外单位承担或外来人员参与公司系统电气工作的工作人员应熟悉本规程并经考试合格，经设备运行管理单位认可，方可参加工作。工作前，设备运行管理单位应告知现场电气设备接线情况、危险点和安全注意事项。

（6）任何人发现有违反本规程的情况，应立即制止，经纠正后才能恢复作业。各类作业人员有权拒绝违章指挥和强令冒险作业；在发现直接危及人身、电网和设备安全的紧急情况时，有权停止作业或者在采取可能的紧急措施后撤离作业场所，并立即报告。

**二、高压设备巡视的基本要求**

（1）经本单位批准允许单独巡视高压设备的人员巡视高压设备时，不准进行其他工作，不准移开或越过遮栏。如图 2-1 所示。

（2）雷雨天气，需要巡视室外高压设备时，应穿绝缘靴，并不准靠近避雷器和避雷针。

（3）高压设备发生接地时，室内不准接近故障点 4m 以内，室外不准接近故障点 8m 以内。进入上述范围人员应穿绝缘靴，接触设备的外壳和构架时，应戴绝缘手套。

图 2-1 高压设备的巡视

**三、电气设备上安全工作的组织措施**

电气设备上安全工作的组织措施如图 2-2 所示。

图 2-2　电气设备上安全工作的组织措施

1. 工作票制度

（1）在电气设备上的工作，应填用变电站（发电厂）第一种工作票、电力电缆第一种工作票、变电站（发电厂）第二种工作票、电力电缆第二种工作票、变电站（发电厂）带电作业工作票、变电站（发电厂）事故应急抢修单。

（2）填用第一种工作票的工作为：

1）高压设备上工作需要全部停电或部分停电者。

2）二次系统和照明等回路上的工作，需要将高压设备停电者或做安全措施者。

3）高压电力电缆需停电的工作。

4）换流变压器、直流场设备及阀厅设备需要将高压直流系统或直流滤波器停用者。

5）直流保护装置、通道和控制系统的工作，需要将高压直流系统停用者。

6）换流阀冷却系统、阀厅空调系统、火灾报警系统及图像监视系统等工作，需要将高压直流系统停用者。

（3）填用第二种工作票的工作为：

31

1）控制盘和低压配电盘、配电箱、电源干线上的工作。

2）二次系统和照明等回路上的工作，无须将高压设备停电者或做安全措施者。

3）转动中的发电机、同期调相机的励磁回路或高压电动机转子电阻回路上的工作。

4）非运行人员用绝缘棒、核相器和电压互感器定相或用钳形电流表测量高压回路的电流。

5）大于规定距离的相关场所和带电设备外壳上的工作以及无可能触及带电设备导电部分的工作。

6）高压电力电缆不需停电的工作。

7）换流变压器、直流场设备及阀厅设备上工作，无须将直流单、双极或直流滤波器停用者。

8）直流保护控制系统的工作，无须将高压直流系统停用者。

9）换流阀水冷系统、阀厅空调系统、火灾报警系统及图像监视系统等工作，无须将高压直流系统停用者。

（4）工作票的填写与签发。

1）承发包工程中，工作票可实行"双签发"形式。签发工作票时，双方工作票签发人在工作票上分别签名，各自承担本规程工作票签发人相应的安全责任。

2）第一种工作票所列工作地点超过两个，或有两个及以上不同的工作单位（班组）在一起工作时，可采用总工作票和分工作票。总、分工作票应由同一个工作票签发人签发。

（5）工作票的使用。

1）一个工作负责人不能同时执行多张工作票，工作票上所列的工作地点，以一个电气连接部分为限。

2）一张工作票上所列的检修设备应同时停、送电，开工前工作票内的全部安全措施应一次完成。

3）同一变电站内在几个电气连接部分上依次进行不停电的同一类型的工作，可以使用一张第二种工作票。

4）在同一变电站内，依次进行的同一类型的带电作业可以使用一张带电作业工作票。

5）持线路或电缆工作票进入变电站或发电厂升压站进行架空线路、电缆等工作，应增填工作票份数，由变电站或发电厂工作许可人许可，并留存。

6）需要变更工作班成员时，应经工作负责人同意，在对新的作业人员进行安全交底手续后，方可进行工作。

7）在原工作票的停电及安全措施范围内增加工作任务时，应由工作负责人征得工作票签发人和工作许可人同意，并在工作票上增填工作项目。

8）变更工作负责人或增加工作任务，如工作票签发人无法当面办理，应通过电话联系，并在工作票登记簿和工作票上注明。

9）第一种工作票应在工作前一日送达运行人员，可直接送达或通过传真、局域网传送，但传真传送的工作票许可应待正式工作票到达后履行。

10）工作票有破损不能继续使用时，应补填新的工作票，并重新履行签发许可手续。

2. 工作许可制度

（1）工作许可人在完成施工现场的安全措施后，还应完成以下手续，工作班方可开始工作：

1）会同工作负责人到现场再次检查所做的安全措施，对具体的设备指明实际的隔离措施，证明检修设备确无电压。

2）对工作负责人指明带电设备的位置和注意事项。

（2）工作负责人、工作许可人任何一方不得擅自变更安全措施。

3. 工作监护制度

（1）工作许可手续完成后，工作负责人、专责监护人应向工作班成员交代工作内容、人员分工、带电部位和现场安全措施，进行危险点告知，并履行确认手续，工作班方可开始工作。

（2）工作票签发人或工作负责人，应根据现场的安全条件、施工范围、工作需要等具体情况，增设专责监护人和确定被监护的人员。

（3）工作期间，工作负责人若因故暂时离开工作现场时，应指定能胜任的人员临时代替，离开前应将工作现场交代清楚，并告知工作班成员。原工作负责人返回工作现场时，也应履行同样的交接手续。

4. 工作间断、转移和终结制度

（1）工作间断时，工作班人员应从工作现场撤出，所有安全措施保持不动，工作票仍由工作负责人执存，间断后继续工作，无须通过工作许可人。每日收工，应清扫工作地点，开放已封闭的通道，并将工作票交回运行人员。次日复工时，应得到工作许可人的许可，取回工作票，工作负责人应重新认真检查安全措施是否符合工作票的要求，并召开现场站班会后，方可工作。

（2）全部工作完毕后，工作班应清扫、整理现场。工作负责人应先周密地检查，待全体工作人员撤离工作地点后，再向运行人员交代所修项目、发现的问题、试验结果和存在问题等，并与运行人员共同检查设备状况、状态，有无遗留物件，是否清洁等，然后在工作票上填明工作结束时间。经双方签名后，表示工作终结。工作终结如图2-3所示。

工作完毕后，要清扫整理现场。

图2-3　工作终结

（3）只有在同一停电系统的所有工作票都已终结，并得到值班调度员或运行值班负责人的许可指令后，方可合闸送电。

口诀▷

保证安全很重要，组织措施有四条，

电气作业工作票，许可制度设卡道。

监护看守刀出鞘，间断转移稳当高，

清理验收完工了，终结送电把票消。

**【实例 2-1】** 不认真执行工作票制度遭电击致残。1985 年 6 月，某供电所安排工作负责人张某和徒工孙某为用户安装一台 20kVA 配电变压器和避雷器等。14 时 10 分，安装变压器的工作已结束，但避雷器及低压引线未安装，张某就在工作票终结栏填写终结时间，令孙某交给值班员。值班员进行操作后（15 时 0 分），线路由检修转为运行。约 15 时 15 分，张某站到变压器台上，左手握着变压器低部放油螺钉，右手往上伸，向在低压杆上方作业的工作票签发人作动作。由于 10kV 高压套管引线离变压器台太近（仅 1.8m），引起 A 相引线对张某的手指放电，使张某从变压器台上摔下。经送医院抢救，张某右手食指被截去两节，两手和左腿被电击穿，创伤经半年才愈合。

**四、保证安全的技术措施**

保证安全的技术措施如图 2-4 所示。

1. 停电

（1）检修设备停电，应把各方面的电源完全断开（任何运行中的星形接线设备的中性点，应视为带电设备）。禁止在只经断路器（开关）断开电源或只经换流器闭锁隔离电源的设备上工作。

（2）检修设备和可能来电侧的断路器（开关）、隔离开关（刀闸）应断开控制电源和合闸电源，隔离开关（刀闸）操作把手应锁住，确保不会误送电，如图 2-5 所示。

图 2-4 保证安全的技术措施

2. 验电

（1）验电时，应使用相应电压等级、合格的接触式验电器，在装设接地线或合接地开关（装置）处对各相分别验电。

（2）高压验电应戴绝缘手套。验电器的伸缩式绝缘棒长度应拉足，验电时手应握在手柄处，不得超过护环，如图 2-6 所示。人体应与验电设备保持安全距离。雨雪天气时不得进行室外直接验电。

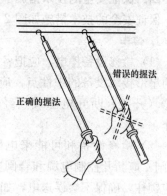

图 2-5 停电　　　　　图 2-6 高压验电器的握法

（3）对无法进行直接验电的设备、高压直流输电设备和雨雪天气时的户外设备，可以进行间接验电。

（4）表示设备断开和允许进入间隔的信号、经常接入的电压表等，如果指示有电，则禁止在设备上工作。

3. 接地

（1）当验明设备确无电压后，应立即将检修设备接地并三相短路。电缆及电容器接地前应逐相充分放电，星形接线电容器的中性点应接地、串联电容器及与整组电容器脱离的电容器应逐个多次放电，装在绝缘支架上的电容器外壳也应放电。

（2）对于可能送电至停电设备的各方面都应装设接地线或合上接地开关（装置），所装接地线与带电部分应考虑接地线摆动时仍符合安全距离的规定。

（3）装设接地线应先接接地端，后接导体端，接地线应接触良好，连接应可靠，如图 2-7 所示。拆接地线的顺序与此相反。装、拆接地线均应使用绝缘棒和戴绝缘手套。人体不得碰触接地线或未接地的导线，以防止触电。

4. 悬挂标示牌和装设遮栏（围栏）

（1）在一经合闸即可送电到工作地点的断路器（开关）和隔离开关（刀闸）的操作把手上，均应悬挂"禁止合闸，有人工作！"的标示牌。

（2）在室内高压设备上工作，应在工作地点两旁及对面运行设备间隔的遮栏（围栏）上和禁止通行的过道遮栏（围栏）上悬挂"止步，高压危险！"的标示牌。

（3）在室外高压设备上工作，应在工作地点四周装设围栏，其出入口要围

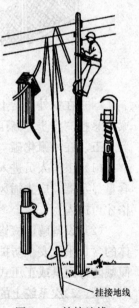

挂接地线

图 2-7 挂接地线

至邻近道路旁边，并设有"从此进出！"的标示牌。工作地点四周围栏上悬挂适当数量的"止步，高压危险！"标示牌，标示牌应朝向围栏里面。若室外配电装置的大部分设备停电，只有个别地点保留有带电设备而其他设备无触及带电导体的可能时，可以在带电设备四周装设全封闭围栏，围栏上悬挂适当数量的"止步，高压危险！"标示牌，标示牌必须朝向围栏外面。禁止越过围栏，如图 2-8 所示。

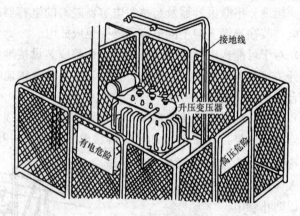

图 2-8 变压器围栏

（4）在室外构架上工作，则应在工作地点邻近带电部分的横梁上悬挂"止步，高压危险！"标示牌。

**五、在六氟化硫（SF$_6$）电气设备上的工作**

（1）工作人员进入 SF$_6$ 配电装置室时，入口处若无 SF$_6$ 气体含量显示器，应先通风 15min，并用检漏仪测量 SF$_6$ 气体含量合格才可进入。

（2）设备解体检修前，应对 SF$_6$ 气体进行检验。根据有毒气体的含量采取安全防护措施。检修人员需穿着防护服并根据需要佩戴防毒面具或正压式空气呼吸器。

**六、二次系统上的工作**

（1）二次回路通电或耐压试验前，应通知运行人员和有关人员，并派人到现场看守，检查二次回路及一次设备上确无人工作后，方可加压。

（2）继电保护装置、安全自动装置和自动化监控系统的二次回路变动时，应按经审批后的图纸进行，无用的接线应隔离清楚，防止误拆或产生寄生回路。

**七、高压试验**

（1）试验装置的金属外壳应可靠接地。

（2）加压前，应认真检查试验接线，使用规范的短路线，表计倍率、量程、调压器零位及仪表的开始状态均正确无误，经确认后，通知所有人员离开被试设备，并取得试验负责人许可，方可加压。

## 第三节 《国家电网公司电力安全工作规程（线路部分）》节选

**一、对作业人员的要求**

（1）作业人员的基本条件。

1）经医师鉴定，无妨碍工作的病症（体格检查每两年至少一次）。

2）具备必要的电气知识和业务技能，且按工作性质，熟悉本规程的相关部分，并经考试合格。

3）具备必要的安全生产知识，学会紧急救护法，特别要学会触电急救。

（2）各类作业人员应接受相应的安全生产教育和岗位技能培训，经考试合格上岗。

（3）作业人员对本规程应每年考试一次。因故间断电气工作连续 3 个月以上者，应重新学习本规程，并经考试合格后，方能恢复工作。

（4）新参加电气工作的人员、实习人员和临时参加劳动的人员（管理人员、临时工等），应经过安全知识教育后，方可下现场参加指定的工作，并且不得单独工作。

（5）外单位承担或外来人员参与公司系统电气工作的工作人员应熟悉本规程并经考试合格，经设备运行管理单位认可，方可参加工作。工作前，设备运行管理单位应告知现场电气设备接线情况、危险点和安全注意事项。

（6）任何人发现有违反本规程的情况，应立即制止，经纠正后才能恢复作业。各类作业人员有权拒绝违章指挥和强令冒险作业；在发现直接危及人身、电网和设备安全的紧急情况时，有权停止作业或者在采取可能的紧急措施后撤离作业场所，并立即报告。

**二、电力线路安全工作的组织措施**

1. 现场勘察制度

（1）进行电力线路施工作业或工作票签发人和工作负责人认为有必要现场勘察的施工（检修）作业，施工、检修单位均应根据工作任务组织现场勘察，并填写现场勘察记录。现场勘察由工作票签发人组织。

（2）现场勘察应查看现场施工（检修）作业需要停电的范围、保留的带电部位和作业现场的条件、环境及其他危险点等。

（3）根据现场勘察结果，对危险性、复杂性和困难程度较大的作业项目，应编制组织措施、技术措施、安全措施，经本单位分管生产领导（总工程师）批准后执行。

2. 工作票制度

（1）在电气设备上的工作，应填用电力线路第一种工作票、电力电缆第一种工作票、电力线路第二种工作票、电力电缆第二种工作票、电力线路带电作业工作票、电力线路事故应急抢修单、口头或电话命令。

（2）填用第一种工作票的工作有：在停电的线路或同杆（塔）架设多回路中的部分停电线路上的工作、在全部或部分停电的配电设备上的工作、高压电力电缆需要停电的工作、在直流线路停电时的工作、在直流接地极线路或接地极上的工作。

（3）填用第二种工作票的工作有：带电线路杆塔上且与带电导线最小安全距离不小于有关规定的工作、在运行的配电设备的工作、电力电缆不需停电的工作、直流线路上不需停电的工作、直流接地极线路上不需要停电的工作。

（4）工作票的填写与签发。承发包工程中，工作票可实行"双签发"形式。签发工作票时，双方工作票签发人在工作票上分别签名，各自承担本规程工作票签发人相应的安全责任。

3．工作许可制度

（1）许可开始工作的命令，应通知工作负责人。

（2）禁止约时停、送电。

（3）若停电线路作业还涉及其他单位配合停电的线路时，工作负责人应在得到指定的配合停电设备运行管理单位联系人通知这些线路已停电和接地，并履行工作许可书面手续后，方可开始工作。

4．工作监护制度

（1）完成工作许可手续后，工作负责人、专职监护人应向工作班成员交代工作内容、人员分工、带电部位和现场安全措施、进行危险点告知，并履行确认手续，装完工作接地线后，工作班方可开始工作。工作负责人、专职监护人应始终在工作现场，对工作班人员的安全进行认真监护，及时纠正不安全的行为。

（2）工作票签发人和工作票负责人对有触电危险、施工复杂且容易发生事故的工作，应增设专职监护人和确定被监护的人员。

5．工作间断制度

填用数日内工作有效的第一种工作票，每日收工时如果将工作地点所装的接地线拆除，次日恢复工作前应重新验电挂接地线。如果经调度允许的连续停电、夜间不送电的线路，工作地点的接地线可以不拆除，但次日恢复工作前应派人检查。

6. 工作终结和恢复送电制度

（1）完工后，工作负责人（包括小组负责人）应检查线路检修地段的状况，确认在杆塔上、导线上、绝缘子串上及其他辅助设备上没有遗留的个人保安线、工具、材料等，查明全部工作人员确由杆塔上撤下后，再命令拆除工作地段所挂的接地线。接地线拆除后，应即认为线路带电，不准任何人再登杆进行工作。

（2）工作许可人在接到所有工作负责人（包括用户）的完工报告，并确认全部工作已经完毕，所有工作人员已由线路上撤离，接地线已经全部拆除，与记录簿核对无误并做好记录后，方可下令拆除各侧安全措施，向线路恢复送电。

### 三、电力线路安全工作的技术措施

1. 停电

（1）进行线路停电作业前，应做好有关安全措施。

（2）停电设备的各端，应有明显的断开点，若无法观察到停电设备的断开点，应有能够反映设备运行状态的电气和机械等指示。

2. 验电

（1）在停电线路工作地段装设接地线前，要先验电，验明线路确无电压。

直流线路和 330kV 及以上的线路，可使用合格的绝缘棒或专用的绝缘绳验电。

（2）验电前，应先在有电设备上进行试验，确认验电器良好；无法在有电设备上进行试验时，可用工频高压发生器等确证验电器良好。

（3）对无法进行直接验电的设备、高压直流输电设备和雨雪天气时的户外设备，可以进行间接验电。

（4）对同杆塔架设的多层电力线路进行验电时，先验低压、后验高压，先验下层、后验上层，先验近侧、后验远侧。线路的验电应逐相进行。

3. 装设接地线

（1）线路经验明确无电压后，应立即装设接地线并三相短路（直流线路两极接地线分别直接接地）。

各工作班工作地段各端和有可能送电到停电线路的分支线（包括用户）都要验电、装设工作接地线。直流接地线线路作业点两端应装设接地线。

（2）同杆塔架设的多层电力线路挂接地线时，应先挂低压、后挂高压，先挂下层、后挂上层，先挂近侧、后挂远侧。拆除时次序相反。

（3）接地线应使用专用的线夹固定在导体上，禁止用缠绕的方法进行接地或短路。

（4）电缆及电容器接地前应逐相充分放电。

4. 使用个人保安线

（1）个人保安线应在杆塔上接触或接近导线的作业开始前挂接，作业结束脱离导线后拆除。装设时，应先接接地端，后接导线端，且接触良好，连接可靠。拆个人保安线的顺序与此相反。

（2）禁止以个人保安线代替接地线。

5. 悬挂标示牌和装设遮栏（围栏）

（1）在一经合闸即可送电到工作地点的断路器、隔离开关的操作处，均应悬挂"禁止合闸，线路有人工作！"标示牌。

（2）在城区或人口密集区地段或交通道口和通行道路上施工时，工作场所周围应装设遮栏（围栏），并在相应部位装设标示牌。必要时，派专人看管。

（3）高压配电设备做耐压试验时应在周围设围栏，围栏上应悬挂适当数量的"止步，高压危险！"标示牌。禁止工作人员在工作中移动或拆除围栏和标示牌。

**四、线路运行和维护**

1. 线路巡视攀登电杆和铁塔

（1）雷雨、大风天气或事故巡线，巡视人员应穿绝缘鞋或绝

43

缘靴；汛期、暑天、雪天等恶劣天气和山区巡线应配备必要的防护工具、自救器和药品；夜间巡线应携带足够的照明工具。

（2）夜间巡线应沿线路外侧进行；大风时，巡线应沿线路上风侧前进，以免万一触及断落的导线；特殊巡线应注意选择路线，防止洪水、塌方、恶劣天气等对人的伤害。巡线时禁止泅渡。

事故巡线应始终认为线路带电。

（3）巡线人员发现导线、电缆断落地面或悬挂空中，应设法防止行人靠近断线地点8m以内，并迅速报告调度和上级，等候处理。

2. 测量工作

（1）直接接触设备的电气测量工作，至少应由两人进行，一人操作，一人监护。夜间进行测量工作，应有足够的照明。

（2）杆塔、配电变压器和避雷器的接地电阻测量工作，可以在线路和设备带电的情况下进行。解开或恢复配电变压器和避雷器的接地引线时，应戴绝缘手套。禁止直接接触与地断开的接地线。

（3）测量低压线路和配电变压器低压侧的电流时，可使用钳形电流表。应注意不触及其他带电部分，以防相间短路。

（4）带电导线的垂直距离（导线弧垂、交叉跨越距离），可用测量仪或使用绝缘测量工具测量。严禁使用皮尺、普通绳索、线尺等非绝缘工具进行测量。

3. 砍剪树木

（1）在线路带电情况下，砍剪靠近线路的树木时，工作负责人应在工作开始前，向全体人员说明：电力线路有电，人员、树木、绳索应与导线保持规定的安全距离。

（2）砍剪树木时，应防止马蜂等昆虫或动物伤人。上树时，不应攀抓脆弱和枯死的树枝，并应使用安全带。

（3）砍剪树木应有专人监护。待砍剪的树木下面和倒树范围内不准有人逗留，城区、人口密集区应设置围栏，防止砸伤行人。为防止树木（树枝）倒落在导线上，应设法用绳索将其拉向与导线相反的方向。

（4）树枝接触或接近高压带电导线时，应将高压线路停电或用绝缘工具使树枝远离带电导线至安全距离。此前禁止人体接触树木。

# 第三章
# 触电及触电急救

## 第一节　电流对人体的伤害

电流对人体会造成多种伤害，如伤害心脏、呼吸和神经系统，使人体内部组织破坏，乃至最后死亡。当电流流经人体时，人体会产生不同程度的刺痛和麻木，并伴随不自觉的肌肉收缩。触电者会因肌肉收缩而紧握带电体，不能自主摆脱电源。此外，胸肌、膈肌和声门肌的强烈收缩会阻碍呼吸，甚至导致触电者窒息死亡。

### 一、电流对人体的伤害

人体触及带电体时，电流通过人体，对人体造成伤害。伤害形式主要有电击和电伤两种。

（一）电击

1. 电击的定义

当人体直接接触带电体时，电流通过人体内部，对内部组织造成的伤害称为电击，也称为内伤。电击是最危险的触电伤害，多数触电死亡事故是由电击造成的。电击如图3-1所示。

2. 电击伤害

电击伤害主要伤害人体的心脏、呼吸和神经系统，造成人体内部组织的破坏，此时如不采取急救措施，就会使人死亡。例如，电流通过心脏时，心脏泵室作用失调，引起心室颤动，导致血液循环停止；电流通过大脑的呼吸神经中枢时，会遏止呼吸并

图3-1　电击示意图

导致呼吸停止；电流通过胸部时，胸肌收缩，迫使呼吸停顿，引起窒息。所以说，电击对人体的伤害属于生理性质的伤害。

3. 电击的几种情况

（1）当人体将要触及 1kV 以上的高压电气设备带电体时，高电压能将空气击穿，使其成为导体，这时电流通过人体而造成电击。

（2）低压单相（线）触电、两线触电会造成电击。

（3）接触电压和跨步电压触电也会造成电击。

（二）电伤

1. 电伤定义

电伤是指电流对人体外部（表面）造成的局部创伤，也叫电灼伤，是一种外伤。电伤往往在肌体上留下伤痕，严重时也可导致人的死亡。电伤如图 3 - 2 所示。

2. 电伤分类

电伤可分为灼伤、电烙印、皮肤金属化三类。

（1）灼伤。是指电流热效应产生的电伤。最严重的灼伤是电弧对人体皮肤造成的直接烧伤。例如，当发生带负荷拉刀开关、带地线合刀开关时，产生的强烈电弧会烧伤皮肤。

灼伤的后果是皮肤发红、起泡、组织烧焦并坏死。

图 3 - 2　电伤示意图

（2）电烙印。是指电流化学效应和机械效应产生的电伤。电烙印通常在人体和带电部分接触良好的情况下才会发生。

电烙印的后果是，皮肤表面留下和所接触的带电部分形状相似的圆形或椭圆形的肿块痕迹。电烙印有明显的边缘，且颜色呈灰色或淡黄色，受伤皮肤硬化。

（3）皮肤金属化。是指在电流作用下，产生的高温电弧使电弧周围的金属熔化、蒸发并飞溅渗透到皮肤表层所造成的电伤。

皮肤金属化的后果是皮肤变得粗糙、硬化，且呈现一定颜色。根据人体表面渗入金属的不同，呈现的颜色也不同，一般渗入铅为灰黄色，渗入紫铜为绿色，渗入黄铜为蓝绿色。金属化的皮肤经过一段时间后会逐渐剥落，不会永久存在。

电流伤害人严重，一般形式有两种，
电击通过体内脏，严重导致人死亡。
电伤伤害体表面，皮肤烧伤很危险，
日常操作要规范，防止触电保安全。

## 二、影响电流伤害程度的因素

电流对人体伤害的程度与以下因素有关。

### 1. 电流大小

通过人体的电流越大，人体的生理反应越明显，感觉越强烈，引起心室颤动或窒息的时间越短，致命的危险性越大，因而伤害也越严重。一般来说，通过人体的交流电（50Hz）超过10mA、直流电超过50mA时，触电者自己难以摆脱电源，这时就有生命危险。表3-1为工频电流对人体的影响，表3-2为通过人体电流大小与人体伤害程度的关系。

表3-1　　　　　　　　工频电流对人体的影响

| 电流范围<br>（mA） | 通电时间 | 人体生理反应 |
| --- | --- | --- |
| 0～0.5 | 连续通电 | 没有感觉 |
| 0.5～5 | 连续通电 | 开始有感觉，手指、手腕等处有痛感，没有痉挛，可以摆脱带电体 |

续表

| 电流范围<br>（mA） | 通电时间 | 人体生理反应 |
|---|---|---|
| 5～30 | 数分钟以内 | 痉挛，不能摆脱带电体，呼吸困难，血压升高，是可以忍受的极限 |
| 30～50 | 数秒到数分钟 | 心脏跳动不规则，昏迷，血压升高，强烈痉挛，时间过长即可引起心室颤动 |
| 50～数百 | 短于心脏搏动周期 | 受强烈冲击，但未发生心室颤动 |
| | 长于心脏搏动周期 | 昏迷，心室颤动，接触部位留有电流通过的痕迹 |
| 超过数百 | 短于心脏搏动周期 | 发生心室颤动，昏迷，接触部位留有电流通过的痕迹 |
| | 长于心脏搏动周期 | 心脏跳动停止，昏迷，可能致命 |

**表 3-2    通过人体电流大小与人体伤害程度的关系    mA**

| 名称 | 定义 | | 对成年男性 | 对成年女性 |
|---|---|---|---|---|
| 感知电流 | 引起人感觉的最小电流 | 工频 | 1.1 | 0.7 |
| | | 直流 | 5.2 | 3.5 |
| 摆脱电流 | 人体触电后能自主地摆脱电源的最大电流 | 工频 | 16 | 10.5 |
| | | 直流 | 76 | 51 |
| 致命电流 | 在较短时间内危及生命的最小电流 | 工频 | 30～50 | |
| | | 直流 | 1300（0.3s）、50（3s） | |

从表 3-1、表 3-2 可看出，感知电流一般不会对人体造成伤害，但当电流增大时，感觉增强，反应加大。摆脱电流是人体可以承受的最大电流，因而一般不致造成不良后果。

2. 人体电阻

皮肤如同人的绝缘外壳，在触电时起着一定的保护作用。当人体触电时，流过人体的电流与人体的电阻有关，人体电阻越小，通过人体的电流越大，也就越危险。

人体电阻不是固定不变的，其数值随着接触电压的升高而下降，如表3-3所示；又随条件不同而在很大范围内变动，如表3-4所示。皮肤潮湿、多汗、有损伤、带有导电性粉尘，以及电极与皮肤的接触面积加大、接触压力增加等情况下，人体电阻都会降低。不同类型的人，其人体电阻也不同，一般认为人体电阻为1000～2000Ω（不计皮肤角质层电阻）。在电气安全工程计算中，通常取人体电阻为1700Ω。必须指出，人体电阻只对低压触电有限流作用，而对高压触电，人体电阻的大小就不起什么作用了。

表3-3　　　　　　　　　人体电阻随电压变化

| 接触电压（V） | 12.5 | 31.3 | 62.5 | 125 | 220 | 250 | 380 | 500 | 1000 |
|---|---|---|---|---|---|---|---|---|---|
| 人体电阻（Ω） | 16500 | 11000 | 6240 | 3530 | 2222 | 2000 | 1417 | 1130 | 640 |

表3-4　　　　　　　　不同条件下的人体电阻

| 接触电压（V） | 人 体 电 阻（Ω） | | | |
|---|---|---|---|---|
| | 皮肤干燥 | 皮肤潮湿 | 皮肤湿润① | 皮肤浸入水中 |
| 10 | 7000 | 3500 | 1200 | 600 |
| 25 | 5000 | 2500 | 1000 | 500 |
| 50 | 4000 | 2000 | 875 | 440 |
| 100 | 3000 | 1500 | 770 | 375 |
| 250 | 1500 | 1000 | 650 | 325 |

①　皮肤湿润是指有水蒸气及特别潮湿场所中的皮肤。

3. 通电时间长短

电流对人体的伤害与电流作用于人体时间长短有密切关系。通电时间越长，由于人体发热出汗和电流对人体的电解作用，人体电阻逐渐降低，流过人体的电流也就越大，对人体组织的破坏越加厉害，后果也就越严重。通常可用触电电流大小与触电时间的乘积（称为电击能量）来反映触电的危害程度。通电时间越长，电击能量积累增加，越容易引起心室颤动。电击能量超过50mA·s时，人就有生命危险。所以，电流通过人体的持续时间越长，后果也越严重。从表3-5所示的通过人体的允许电流与持续时间的关系可看出，通过人体电流的持续时间越长，允许电流越小。

表 3 - 5　　　　　　　　　允许电流与持续时间的关系

| 允许电流（mA） | 50 | 100 | 200 | 500 | 1000 |
|---|---|---|---|---|---|
| 持续时间（s） | 5.4 | 1.35 | 0.35 | 0.054 | 0.0135 |

在讲解触电急救时，强调救护要争分夺秒，最大限度地缩短电流通过人体的时间，就是基于这个道理。

4. 电流频率

电流频率不同，对人体伤害程度也不同。一般来说，常用的50~60Hz工频交流电对人体的伤害最为严重。交流电的频率偏离工频越远，对人体伤害的危险性就越低，即50~60Hz电流最危险；小于或大于50~60Hz的电流，危险性降低；在直流和高频情况下，人体可以耐受较大的电流值。不同频率的电流对人体的危害程度见表3-6。

表 3 - 6　　　　　　不同频率的电流对人体的危害程度

| 电流频率（Hz） | 对人体的危险程度 | 电流频率（Hz） | 对人体的危险程度 |
|---|---|---|---|
| 10~25 | 有50%的死亡率 | 120 | 有31%的死亡率 |
| 50 | 有95%的死亡率 | 200 | 有22%的死亡率 |
| 50~100 | 有45%的死亡率 | 500 | 有14%的死亡率 |

5. 电压高低

一般来说，当人体电阻一定时，人体接触的电压越高，通过人体的电流就越人。实际上，通过人体的电流与作用在人体上的电压不成正比，这是因为随着作用于人体电压的升高，皮肤会破裂，人体电阻急剧下降，电流会迅速增加。当人体接近高压时，还有感应电流的影响，也是很危险的。

6. 电流途径

电流通过人体的途径不同，对人体的伤害程度也不同。电流通过心脏会引起心室颤动，较大的电流还会使心脏停止跳动，这两者都会使血液循环中断而导致死亡。电流通过中枢神经系统，会引起中枢神经强烈失调而导致死亡。

研究表明，电流流经人体不同部位所造成的伤害中，以对心脏的伤害为最严重。表3-7列举了电流通过人体的途径与流经心脏电流比例数的关系。从表3-7中可以看出：最危险的途径是从手到胸部（心脏）到脚；较危险的途径是从手到手；危险性较小的途径是从脚到脚。

表3-7    电流通过人体的途径与流经心脏电流比例数的关系

| 电流通过人体的途径 | 流经心脏电流与通过人体总电流的比例数（%） |
|---|---|
| 从左手到脚 | 6.4 |
| 从右手到脚 | 3.7 |
| 从一只手到另一只手 | 3.3 |
| 从一只脚到只一只脚 | 0.4 |

7. 人体状况

人体本身的状况与触电对人体的伤害程度有着密切关系：

（1）性别。女性对电的敏感性比男性高，女性的感知电流和摆脱电流约比男性低 1/3，因此在同等的触电电流下，女性比男性更难以摆脱。

（2）年龄。在遭受电击后，小孩的伤害程度要比成年人重。

（3）健康状况。凡患有心脏病、神经系统疾病、肺病等严重疾病或体弱多病者，由于自身抵抗能力较差，故比健康人更易受电伤害。

（4）心理、精神状态。有无思想准备，对电的敏感程度是有差异的，酒醉、疲劳过度、心情欠佳等情况会增加触电伤害程度。

**三、安全电流的规范**

电流对人体有危害，通过人体的电流越大，危害越严重。那么到底流过人体的电流为多大才不至于对人体造成伤害呢？这就要知道安全电流值。

1. 确定安全电流值的依据

（1）一般情况下，可以把摆脱电流看做是人体允许的电流，只要流过人体的电流小于摆脱电流，即可把摆脱电流认为是安全电流。

（2）以大小不同的电流作用到人体，根据人体表现出的不同特征来确定安全电流。这些特征是通过科学实验和事故分析得出的，见表 3 - 8。

表 3 - 8　　　　　　　　电流作用下人体表现的特征

| 电流（mA） | 50～60Hz 交流电 | 直　流　电 |
|---|---|---|
| 0.6～1.5 | 手指开始感觉麻刺 | 无感觉 |
| 2～3 | 手指感觉强烈麻刺 | 无感觉 |
| 5～7 | 手指感觉肌肉痉挛 | 感到灼热和刺痛 |
| 8～10 | 手指关节与手掌感觉痛，手已难于脱离电源，但仍能脱离电源 | 灼热增加 |
| 20～25 | 手指感觉剧痛、迅速麻痹、不能摆脱电源，呼吸困难 | 灼热更增，手的肌肉开始痉挛 |
| 50～80 | 呼吸麻痹，心室开始震颤 | 强烈灼痛，手的肌肉痉挛，呼吸困难 |
| 90～100 | 呼吸麻痹，持续 3s 或更长时间后心脏麻痹或心房停止跳动 | 呼吸麻痹 |
| 500 以上 | 延续 1s 以上有死亡危险 | 呼吸麻痹，心室震颤，停止跳动 |

2. 安全电流值

从表 3-8 可以看出，作用于人体的电流，交流为 50～60Hz、10mA，直流为 50mA 时，人手仍能脱离电源，无生命危险，故可把交流 50～60Hz、10mA 及直流 50mA 确定为人体的安全电流值。

当通过人体的电流低于这个数值时，一般人体不会受到伤害。但是，如果电流长时间流过人体，再加上别的不利因素，人体也可能是不安全的。

**四、安全电压的规范**

1. 安全电压的定义

在各种不同环境条件下，人体接触到有一定电压的带电体后，其各部分组织（如皮肤、心脏、呼吸器官和神经系统等）不发生任何损害，该电压称为安全电压。它是为了防止触电事故而采用的由特定电源供电的电压系列，是制定安全措施的依据。

2. 确定安全电压的依据

安全电压是以人体允许通过的电流与人体电阻的乘积来表示的。一般情况下，人体的允许电流可以看成是受电击后能摆脱带电体而解除触电危险的电流。人体电阻随条件不同而在很大范围内变化：人体接触电压时，随着电压的升高，人体电阻会下降。通常，低于 40V 的对地电压可视为安全电压。国际电工委员会规定接触电压的限定值（相当于安全电压）为 50V，并规定在 25V 以下时，不需考虑防止电击的安全措施。接触电压的限定值 50V 就是根据 30mA 人体允许电流和 1700Ω 人体电阻的条件下确定的，也就是说安全电压系列的上限值决定了，在正常工作或故障情况下，两导体间或任一导体与地之间的电压均不得超过交流（50～500Hz）有效值 50V。

3. 安全电压等级

根据我国具体条件和环境，规定安全电压等级是 42、36、24、12、6V 额定值五个等级。当电气设备的额定电压超过 24V

安全电压等级时，应采取直接接触带电体的保护措施。

4. 安全电压的选用

电气设备的安全电压应根据使用场所、操作人员条件、使用方式、供电方式和线路状况等多种因素进行选用，我国对此还无具体规定，一般可结合实际情况选用。目前我国采用的安全电压以 36V 和 12V 较多。发电厂生产场所及变电所等处使用的行灯电压一般为 36V；在比较危险的地方或工作地点狭窄、周围有大面积接地体、环境湿热场所，如电缆沟、煤斗、油箱等地，所用行灯的电压不准超过 12V；其他情况下的安全电压可参照表 3-9 选用。

表 3-9　　　　　　安全电压的等级及选用举例

| 安全电压（交流有效值） | | 选 用 举 例 |
|---|---|---|
| 额定值（V） | 空载上限值（V） | |
| 42 | 50 | 在有触电危险的场所使用的手持式电动工具等 |
| 36 | 43 | 在矿井、多导电粉尘等场所使用的行灯等 |
| 24 | 29 | 供某些人体可能偶然触及带电体的设备选用 |
| 12 | 15 | |
| 6 | 8 | |

最后需要指出，不能认为这些电压就是绝对安全的，如果人体在汗湿、皮肤破裂等情况下长时间触及电源，也可能发生电击伤害。电压等级对人体的影响见表 3-10。

表 3-10　　　　　　电压等级对人体的影响

| 电压等级（V） | 对人体的影响 | 电压等级（V） | 对人体的影响 |
|---|---|---|---|
| 20 | 湿手的安全界限 | 100～200 | 危险性急剧增大 |
| 30 | 干燥手的安全界限 | 200～3000 | 人生命发生危险 |
| 50 | 人生命无危险的界限 | 3000 以上 | 人体被带电体吸引 |

5. 电气设备的分类

从安全技术措施的角度，规程规定：电压等级在 1000V 及以上的电气设备称为高压电气设备；电压等级在 1000V 以下的电气设备称为低压电气设备。虽然高压对人体的危害比低压要严重得多，但是由于高压电气设备有较完善的安全防范措施，人们与高压设备的接触机会较少，而且思想上也较为重视，高压触电事故反而比低压触电事故少得多。正由于人们在思想上对低压触电的危险不甚重视，再加上接触机会多，在潮湿的环境中亦曾发生过 36V 触电死亡事故。

## 第二节  人体触电的方式

人体触电的基本方式有单相触电、两相触电、跨步电压触电、接触电压触电。此外，还有人体接近高压触电和雷击触电等。单相与两相触电都是人体与带电体的直接接触触电。

### 一、单相触电

1. 定义

单相触电是指人体站在地面或其他接地体上，人体的某一部位触及一相带电体所引起的触电。单相触电的危险程度与电压的高低、电网的中性点是否接地、每相对地电容量的大小有关。单相触电是较常见的一种触电形式。

2. 中性点接地对触电程度的影响

中性点接地系统中的单相触电比中性点不接地系统的危险性大。

（1）在中性点接地时，如图 3-3 所示，当人体触及 U 相导线时，电流将通过人体、大地、接地装置回到中性点，此时通过人体的电流为

$$I_r = \frac{U_{ph}}{R_g + R_r} \approx \frac{U_{ph}}{R_r}(R_r \gg R_g) \qquad (3-1)$$

式中  $U_{ph}$——相电压（V）；

$R_g$——电网中性点接地电阻（Ω）；

$R_r$——人体电阻（Ω）。

对于 380/220V 三相四线制电网，$U_{ph} = 220$ V，$R_g$ 只有几欧（4Ω），比 $R_r$ 要小得多。若取人体电阻 $R_r = 1700Ω$，则由式可算出流过人体的电流 $I_r = 129$ mA，远大于安全电流 30mA，足以危及触电者的生命。

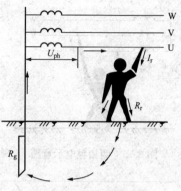

图 3-3　中性点接地的
单相触电示意图

在日常工作和生活中，低压用电设备的开关、插销和灯头以及电动机、电熨斗、洗衣机等家用电器，如果其绝缘损坏，带电部分裸露而使外壳、外皮带电，当人体碰触这些设备时，就会发生单相触电。如果此时人体站在绝缘板上或穿绝缘鞋，人体与大地间的电阻就会很大，通过人体的电流将很小，这时不会发电触电危险。

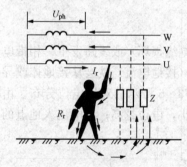

图 3-4　中性点不接地的
单相触电示意图

（2）在中性点不接地（对地绝缘）时，如图 3-4 所示，此时，电流经过人体与其他两相的对地绝缘阻抗 Z 而形成回路，通过人体的电流大小决定于电网电压、人体电阻和导线的对地绝缘阻抗。如果线路的绝缘水平比较高，绝缘阻抗非常大，当人体触电以后，通过人体的电流就比较小，从而降低了人体触电后的危险性。但若线路的绝缘不良，则触电后的危险性就较大了。

## 二、两相触电

两相触电是指人体有两处同时接触带电的任何两相电源时的

图 3-5 两相触电示意图

触电。这时，无论电网的中性点是否接地、人体与地是否绝缘，人体都会触电。两相触电情况如图 3-5 所示，在这种情况下，电流由一相导线通过人体流至另一相导线，人体将两相导线短接，因而处于全部线电压的作用之下，通过人体的电流为

$$I_r = \frac{U_L}{R_r} \tag{3-2}$$

式中 $U_L$——线电压（V）。

发生两相触电时，若线电压为 380V，人体电阻仍按 1700Ω 考虑，则流过人体的电流高达 224mA，这样大的电流只要 0.223s 就可能导致触电者死亡，故两相触电比单相触电更危险。根据经验，工作人员同时用两手或身体直接接触两根带电导线的机会很少，所以两相触电事故比单相触电事故少得多。

### 三、跨步电压触电

1. 跨步电压的含义

当电气设备发生接地故障（绝缘损坏）或线路发生一相带电导线断线落在地面时，故障电流（接地电流）就会从接地体或导线落地点向大地流散，形成如图 3-6 所示的对地电位分布。由图看出，与电流入地点的距离越小，电位越高；与电流入地点的距离越大，电位越低；在远离入地点 20m 以外处，电位近似为零。如果有人进入 20m 以内区域行走，其两脚之间（人的跨步一般按 0.8m 考虑）的电位差就是跨步电压，如图 3-7 所示。由跨步电压引起的触电，称为跨步电压触电。如高

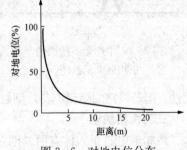

图 3-6 对地电位分布

58

压架空导线断线或支持绝缘子绝缘损坏而发生对地击穿时，在导线落地点或绝缘对地击穿点处的地面电位异常升高，在此附近行走或工作的人员，就会发生跨步电压触电。

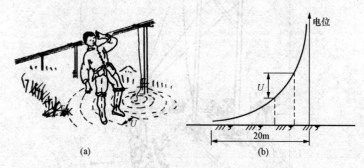

图 3-7 跨步电压示意图

（a）进入人地点 20m 以内区域；（b）跨步电压 $U$

2. 触电后果

人体承受跨步电压时，电流一般是沿着人下身，即从脚到腿到胯部到脚流过，与大地形成通路，而很少通过人的心脏等重要器官，看起来似乎危害不大。但是，跨步电压较高时，人就会因双脚抽筋而倒在地上，这不但会使作用于身体上的电压增加，还有可能改变电流通过人体的路径而经过人体重要器官，因而大大增加了触电的危险性。经验证明，人倒地后即使电压仅持续作用 2s，也会发生致命的危险。

3. 注意事项

（1）电业工人（尤其是线路巡线工）在平时工作或行走时，一定要格外小心。当发现设备有接地故障或导线断线落地时，要远离断线落地区，如图 3-8 所示。

（2）一旦不小心已步入断线落地区且感觉到有跨步电压时，应赶快把双脚并在一起或用一条腿跳着离开断线落地区，如图 3-9 所示。

（3）当必须进入断线落地区救人或排除故障时，应穿绝缘靴

图 3-8　远离断线落地区示意图

图 3-9　一条腿跳着离开断线落地区

（鞋），如图 3-10 所示。

图 3-10 穿绝缘靴（鞋）进入断线落地区救人

4. 跨步电压触电事例

某地农村曾发生一起全家老小被跨步电压电死的事例。某日，大风把供电线吹断后落在水田中，某位村民的小儿子早晨把一群鸭子赶进田中去放养，鸭子游到断线落水处都被电击死去，小儿子去捡死鸭子，走近断线落水处也被电击倒死去。哥哥见弟弟放鸭不回，便去放鸭处寻找，看到弟弟倒在田中死了，哥哥下田拉弟弟，也触电倒在田中。爷爷见两个孙子一去不回，亲自到田边看个究竟，爷爷去拉孙子，也倒在田中死了。爸爸在家等得不耐烦了，到田边去看，发现父亲、两个儿子和鸭子都被水淹死了，认为有"鬼"，叫了许多邻居来驱鬼壮胆，然后下田去拖爷爷，也触电落水而死。最后，妈妈下田拖爸爸，也触电落水。因为妈妈触电时间不长，离电流入地点最远，触电程度最轻，才被救活。这是一件很特殊的跨步电压触电事例。人在水中触电时，人体表皮及靴（鞋）都不起作用，故危险性极大。如果他们懂得一些安全用电知识，就绝不会发生一家集体触电死亡的惨剧。

#### 四、接触电压触电

1. 接触电压的含义

接触电压是指人站在发生接地短路故障设备的旁边，触及漏电设备的外壳时，其手和脚之间所承受的电压。由接触电压引起的触电称为接触电压触电。

在发电厂和变电所中，一般电气设备的外壳和机座都是接地的。正常时，这些设备的外壳和机座都不带电。但当设备发生绝缘击穿、接地部分破坏，设备与大地之间产生电位差（即对地电压）时，人体若接触这些设备，其手和脚之间便会承受接触电压而触电。

2. 接触电压的大小

接触电压 $U_j$ 的大小随人体站立点的位置而异。人体距离接地体越远时，接触电压越大；当人体站在距接地体 20m 以外处与带电设备外壳接触时，接触电压 $U_{j3}$ 达到最大值，等于带电设备外壳的对地电压 $U_d$；当人体站在接地体附近与设备外壳接触时，接触电压近于零，如图 3-11 所示。在图中，当一台电动机的绕组碰壳接地时，因为三台电动机的接地线是连在一起的，所以三台电动机的外壳都会带电，而且电位相同，都是相电压，但地面电位分布却不同，因此左侧的人所承受的接触电压等于电动机外壳（人手）的电位与该处地面电位（人脚）之差，其数值近于零；右侧的人承受的接触电压就是电动机外壳的对地电压，即相电压。但是往往由于人穿靴（鞋）及地板能降低接触电压，故人体受到的实际接触电压要小于带电设备的对地电压。

在各电力企业和家庭中，人接触漏电设备的外壳而触电是常有的现象，严禁裸臂赤脚去操作电气设备就是基于这个道理。

由接触电压造成的触电事故还多发生在中性点不接地的 3～10kV 系统中。当电气设备绝缘击穿，系统中又没有接地保护装置，故障设备不能迅速切除，值班人员需较长时间才能将故障设备查出时，在查找故障期间，工作人员一旦接触到与故障设备处

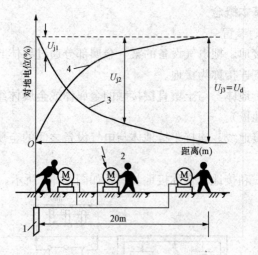

图 3-11 接触电压触电示意图

1—接地体；2—漏电设备；3—设备出现接地故障时，接地体附近各点电位分
布曲线；4—人体距接地体位置不同时，接触电压变化曲线

于同一接地网的任一设备外壳时就会触电。为防止接触电压触
电，往往要把一个车间、一个变电所的所有设备均单独埋设接地
体，对每台电动机采用单独的保护接地。

## 第三节 防止人身触电的技术措施

当电气设备的金属外壳因绝缘损坏而带电时，并无带电特
征，人们不会对触电危险有什么预感，这时往往容易发生触电事
故。但是只要掌握了电的规律并采取相应措施，很多触电事故是
可以避免的。

人身触电事故的发生一般有下列两种情况：一是人体直接触
及或靠近电气设备的带电部分；二是人体触碰平时不带电、因绝
缘损坏而带电的金属外壳或金属构架。为防止人身触电事故，除
思想上重视、认真执行电力安全工作规程之外，还应该采取必要
的技术措施。下面介绍几种常用的基本措施。

一、基本概念

1. 接地装置

（1）接地。把电气设备的某一金属部分通过导体与土壤间作良好的电气连接称为接地。

（2）接地体。与土壤直接接触的金属体或金属体组称为接地体（或接地极）。

（3）接地线。连接于接地体与电气设备之间的金属导体称为接地线。

接地线和接地体合称接地装置，如图3-12所示。

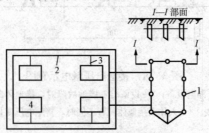

图3-12　接地装置示意图

1—接地体；2—接地干线；3—接地支线；4—电气设备

2. 电气"地"和对地电压

（1）电气"地"。当电气设备发生接地短路时，在距单根接地体或接地短路点20m以外的地方，电位已近于零，电位等于零的地方即称为电气"地"，如图3-13所示。

（2）对地电压。电气设备的接地部分（如接地外壳和接地体等）与"大地零电位"之间的电位差，称为接地时的对地电压。

3. 接地电阻

（1）接地体的流散电阻。接地电流自接地体向周围大地流散时所遇到的全部电阻称为流散电阻。

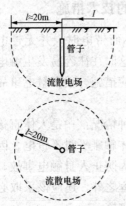

图3-13　电气"地"示意图

（2）接地电阻。接地体的流散电阻和接地线的电阻之和称为接地电阻。

4．零线和接零

（1）零线。由变压器和发电机的中性点引出，并接了地的接地中性线称为零线。

（2）接零。电气设备的某部分（如外壳）直接与零线相连接，称为接零，如图 3-14 所示。

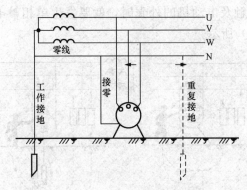

图 3-14　零线和接零示意图

5．接地短路和接地短路电流

（1）接地短路。电气设备的带电部分偶尔与接地金属构架连接或直接与大地发生电气连接，称为接地短路。

（2）碰壳短路。当电机、电器或线路的带电部分由于绝缘损坏而与其接地的金属结构部分发生连接，称为碰壳短路（或碰壳）。

（3）接地短路电流。当发生接地短路或碰壳短路时，经接地短路点流入地中的电流，称为接地短路电流（或接地电流）。

**二、保护接地**

1．保护接地的含义和适用范围

（1）含义。为防止人身因电气设备绝缘损坏而遭受触电，将电气设备的金属外壳与接地体连接，称为保护接地。

65

（2）适用范围。保护接地适用于中性点不接地的低压电网中。在中性点直接接地的低压电网中，电气设备不采用保护接地是危险的。采用了保护接地，仅能减轻触电的危险程度，但不能完全保证人身安全。

2. 保护接地的作用

（1）电气设备的外壳无保护接地时，例如电动机因某种原因，其金属外壳带电并长期存在着电压，该电压数值接近于相电压，当人体触及电动机的外壳时，就要发生单相触电事故，如图 3 - 15（a）所示。

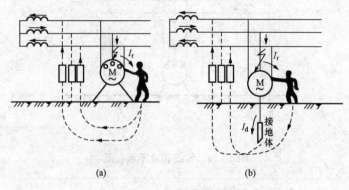

图 3 - 15  中性点不接地系统保护接地原理

（a）无保护接地时；（b）有保护接地时

（2）当电动机装设了接地保护时，如图 3 - 15（b）所示，如果电动机外壳带电，则接地短路电流将同时沿着接地体和人体与电网对地绝缘阻抗 $Z$ 形成两条通路，流过每一条通路的电流值将与其电阻大小成反比，即

$$\frac{I_\mathrm{r}}{I_\mathrm{d}} = \frac{R_\mathrm{d}}{R_\mathrm{r}} \quad (R_\mathrm{d} \gg R_\mathrm{r}) \tag{3 - 3}$$

式中   $I_\mathrm{r}$——流过人体的电流；

$I_\mathrm{d}$——流经接地体的电流；

$R_\mathrm{d}$——接地体的接地电阻；

$R_r$——人体电阻。

由式（3 - 3）可以看出，接地体的接地电阻 $R_d$ 越小，流经人体的电流也就越小，只要把 $R_d$ 限制在适当的范围内（小于 $4\Omega$），就可减小人体的触电危险，起到保护人身安全的作用。

### 三、保护接零

1. 保护接零的含义和适用范围

（1）含义。为防止人身因电气设备绝缘损坏而遭受触电，将电气设备的金属外壳与电网的中性线（变压器中性线）相连接，称为保护接零。

（2）适用范围。适用于三相四线制中性点直接接地的低压电力系统中。当采用保护接零时，除电源变压器的中性点必须采取工作接地外，零线要在规定的地点采取重复接地。

2. 保护原理

（1）未采取接零措施。在电源中性点已接地的三相四线制中，若电气设备或装置的外壳未采取接零措施，则在设备发生绝缘击穿，外壳带电时如图 3 - 16（a）所示，尽管中性点接地良好，工作人员仍有触电危险。这是因为设备与地、零线之间没有金属连接，设备外壳上将带有电压。当人体触及设备外壳时，流过人体的电流为

$$I_r = \frac{U_{ph}}{R_g + R_r} \quad (R_g \ll R_r) \tag{3 - 4}$$

式中　$U_{ph}$——相电压；

　　　$R_g$——中性点接地电阻；

　　　$R_r$——人体电阻。

若人体电阻 $R_r$ 以 $1700\Omega$ 计，$R_g$ 甚小略去不计，则当 $U_{ph}$ 为 $220V$ 时，流过人体电流为

$$I_r = \frac{U_{ph}}{R_g + R_r} \approx \frac{220}{1700 + 4} = 129(mA)$$

这个数值显然已大大超过人体所能承受的最大电流值。

（2）已采用接零措施。如图 3 - 16（b）所示，此时 U 相（d

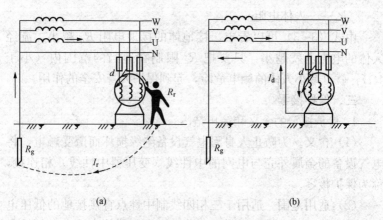

图 3-16　接零保护原理示意图
（a）未采用接零措施；（b）已采用接零措施

点）绝缘损坏，导致相线碰到外壳，接地短路电流 $I_d$ 将通过该相和零线构成回路。由于零线阻抗很小，所以单相短路电流很大，可大大超过低压断路器或继电保护装置的整定值，或超过熔断器额定电流的几至几十倍，从而使线路上的保护装置迅速动作，切断电源，使设备外壳不再带电，消除了人体触电的危险，起到保护作用。

电的特性我知道，流地回零回本身，
设备外壳接了零，带电好似短路零。
短路熔断爆保险，防护装置跳闸门，
漏电保安动作了，设备无事人安全。

3. 对接零装置的要求

（1）零线上不能装熔断器和断路器，以防止零线回路断开时，零线出现相电压而引起触电事故。

（2）在同一低压电网中（指同一台变压器或同一台发电机供电的低压电网），不允许将一部分电气设备采用保护接地，而另一部分电气设备采用保护接零，否则接地设备发生碰壳故障时，零线电位升高，接触电压可达到相电压的数值，增大了触电的危险性。

（3）在接三眼插座时，不准将插座上接电源零线的孔同接地线的孔串接，如图 3-17（a）所示，否则零线松掉或折断，就会使设备金属外壳带电；若零线和相线接反，也会使外壳带电，如图 3-17（b）所示；正确的接法是接电源零线的孔同接地的孔分别用导线接到零线上，如图 3-17（c）所示。

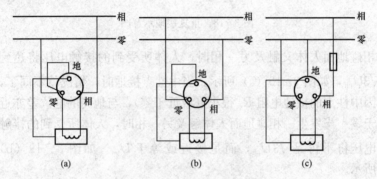

图 3-17　三眼插座接法示意图

（a）零线与地线串联；（b）零线与相线接反时；（c）正确接法

（4）除中性点必须良好接地外，还必须将零线重复接地，如图 3-18 所示。所谓重复接地，就是指零线的一处或多处通过接地体与大地再次连接。重复接地可降低漏电设备外壳的对地电压，减小零线断线时的触电危险，缩短碰壳或接地短路持续的时间。

**四、工作接地**

1. 工作接地的含义

将电力系统中的某一点（通常是中性点）直接或经特殊设备（如消弧线圈、电抗、电阻等）与地作金属连接，称为工作接地。

2. 工作接地的作用

（1）降低人体的接触电压。在中性点绝缘系统中，当发生一

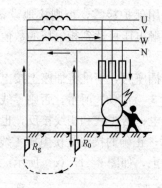

图 3 - 18　重复接地示意图

相碰地而人体又触及另一相时，人体所受到的接触电压将达到 $\sqrt{3}U_{ph}$，如图 3 - 19（a）所示。当中性点接地时，情况就不同了，因中性点的接地电阻 $R_g$ 很小（或近于零），与地间的电位差亦近于零。当发生一相碰地而人体触及另一相时，人体所受到的接触电压将不再是 $\sqrt{3}U_{ph}$，而是接近或等于 $U_{ph}$，如图 3 - 19（b）所示。

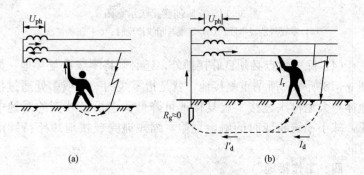

图 3 - 19　工作接地作用示意图
（a）中性点绝缘系统；（b）中性点接地系统

（2）迅速切断电源。在中性点绝缘系统中，当一相碰地时，由于接地电流很小，故保护设备不能迅速动作切断电源，因此接

地故障将长时间持续下去，这对人身是很不安全的。在中性点接
地系统中情况则不同，当一相碰地时，接地电流成为很大的单相
短路电流，它能使保护装置迅速动作而切断电源，从而保证人体
免于触电，如图 3 - 16 （b）所示。

（3）降低电气设备和输电线路的绝缘水平。采用工作接地可
降低电气设备的制造成本和输电线的建设费用，从而大大节省
投资。

（4）满足电气设备运行中的特殊需要，如减轻高压窜入低压
的危险性。

**五、漏电保护断路器的采用**

1. 漏电保护断路器的作用

漏电保护断路器又称漏电开关、触电保安器等，其作用就是
防止电气设备和线路等漏电引起人身触电事故。漏电保护断路器
能够在设备漏电、外壳呈现危险的对地电压时自动切断电源。在
1kV 以下的低压电网中，凡有可能触及带电部件或在潮湿场所装
有电气设备的情况下，都应装设漏电保护装置，以确保人身
安全。

漏电保护断路器有电压型和电流型两大类，目前广泛应用的
是反映零序电流的电流型漏电保护断路器。

2. 电流型漏电保护断路器工作原理

下面以四极电流型漏电保护断路器（电磁脱扣、带互感器、
零序电流型）为例说明其工作原理，如图 3 - 20 所示：

（1）正常工作时，各相电流的相量和等于零，因此零序电流
互感器 TA0 的环形铁芯所感应磁通的相量和也为零，零序电流
互感器的二次绕组中没有感应电压输出，极化电磁铁 T 的线圈
中没有电流流过，T 的吸力克服弹簧反作用拉力，使衔铁 X 保持
在闭合位置，脱扣机构不动作，漏电保护断路器不动作，保持电
路正常供电。

（2）当设备漏电或有人单相触电时，通过互感器一次侧各导

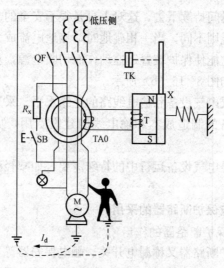

图 3-20　电流型漏电保护断路器工作原理示意图

线电流的相量和不再为零，而是等于漏电流 $I_d$，这样环形铁芯中将有交变磁通产生，在互感器二次绕组中就有感应电压输出，T线圈中将有交流电流通过，并产生交变磁通与永久磁铁的磁通叠加。磁通叠加的结果是使电磁铁去磁，从而使其对衔铁吸力减小，于是衔铁被弹簧的反作用力拉开，脱扣机构 TK 动作，断路器 QF 断开电源。此外，在图 3-20 中，用按钮 SB 和限流电阻 $R_x$ 组成一个试验回路，在使用前可利用断路器上的按钮来检验断路器的动作是否正常。

## 第四节　触 电 急 救

在电力生产中，尽管采取了一系列安全措施，但也只能减少事故的发生，人们还会遇到各类意外伤害事故，如触电、高空坠落、烧伤、烫伤等。在工作现场发生这些伤害事故的伤员，在送到医院治疗之前的一段时间内，往往因抢救不及时或救护方法不得当而使伤势加重，甚至死亡。因此，现场工作人员都要学会一定的救护知识，如使触电者迅速脱离电源、进行人工呼吸、正确转移运送伤员等，以保证不管发生何种类型的事故，现场工作人员都应当机立断，以最快的速度、正确的方法进行急救，力争使伤员脱离危险甚至起死回生。

根据国家电网安监〔2009〕664号《关于印发〈国家电网公司电力安全工作规程（变电部分、线路部分)〉的通知》，现场紧急救护的通则如下：

（1）紧急救护的基本原则是在现场采取积极措施，保护伤员的生命，减轻伤情，减少痛苦，并根据伤情需要，迅速与医疗急救中心（医疗部门）联系救治。急救成功条件是动作快，操作正确。任何拖延和操作错误都会导致伤员伤情加重或死亡。

（2）要认真观察伤员全身情况，防止伤情恶化。发现伤员意识不清、瞳孔扩大无反应、呼吸及心跳停止时，应立即在现场就地抢救，用心肺复苏法支持呼吸和循环，对脑、心等重要脏器供氧。心脏停止跳动后，只有分秒必争地迅速抢救，救活的可能性才较大。

（3）现场工作人员都应定期进行培训，学会紧急救护法，会正确脱离电源，会心肺复苏法，会止血、包扎，会转移搬运伤员，会处理急救外伤或中毒等。

（4）生产现场和经常有人工作的场所应配备急救箱，存放急救用品，并应指定专人经常检查、补充或更换。

**一、概述**

触电事故往往是在一瞬间发生的，情况危急，容不得半点迟疑，时间就是生命。

人的生命终止分为濒死、临床死亡、生理死亡三个阶段。濒死，就是生命处于血压下降、呼吸困难、心跳微弱的危险阶段；临床死亡，就是呼吸、心跳停止；生理死亡，就是组织细胞逐渐死亡。

人体触电后，有时虽然心跳、呼吸停止了，但可能属于濒死或临床死亡，如果抢救正确及时，还是可以救活的。

触电者的生命能否获救，关键在于能否迅速脱离电源和进行正确的紧急救护。经验证明：触电后 1min 内急救，有 60％～90％的救活可能；1～2min 内急救，有 45％左右的救活可能；如果经过 6min 才进行急救，则只有 10％～20％的救活可能；超过 6min，救活的可能性就更小了，但是还有救活的可能。

人触电以后，往往会出现神经麻痹、昏迷不醒，甚至呼吸中断、心脏停止跳动等症状，从外表看好像已经没有恢复生命的希望了，但只要没有明显的致命内外伤，一般并不是真正的死亡，应视为"假死"。所谓假死状态，即触电者丧失了知觉、面色苍白、瞳孔放大、脉搏和呼吸停止。根据临床表现，可将假死分为三类：①心跳停止，但尚能呼吸；②呼吸停止，心跳尚存在，但脉搏很微弱；③心跳呼吸均停止。

对于假死状态的伤员，如果抢救及时、方法得当、坚持不懈、耐心等待，多数触电者可以"起死回生"。许多实际资料表明，有的伤员心脏停止跳动、呼吸中断后，经过较长时间的抢救，实施人工呼吸后又恢复了知觉。

【实例 3-1】 英国某地 9 年中对 201 人及时施行人工呼吸结果统计：①有 112 人在 10min 内恢复呼吸；②有 153 人在 20min 内恢复呼吸；③有 165 人在 30min 内恢复呼吸；④172 人在 60min 内恢复呼吸；⑤有 29 人一直未能恢复呼吸。

【实例 3-2】 某供电公司在 5 年时间里，用人工呼吸法在现场成功救活触电者达 275 人。

【实例 3-3】 某地大风雨刮断了低压线，造成 4 人触电，其中 3 人当时均已停止呼吸，用人工呼吸法抢救，有 2 人较快救活，另 1 人伤害较严重，经用口对口人工呼吸法及心脏按压法抢救 1.5h，也终于救活了。

【实例 3-4】 苏联考纳斯市一位大学生在一次音乐会上演奏时，不慎手触失修电线，被电击倒，当场停止了呼吸，幸亏现场有两名医生立即对他进行了人工呼吸、心脏按摩。这些果断措施起了决定性作用，避免了临床死亡转为生理死亡。然后把他抬到医院复苏科，坚持不懈地进行抢救，18天后，遇难者慢慢睁开了眼睛，创造了触电者"起死回生"的人间罕见奇迹。

以上例子说明，当现场工作人员触电后，只要争分夺秒，就地用心肺复苏法坚持不懈地进行抢救，伤员就有救活的可能。同时及早与医疗部门联系，争取医务人员接替救治。在医务人员未接替救治前，不能放弃现场抢救。一般来说，触电者死亡后有以下五个特征：①心跳、呼吸停止；②瞳孔放大；③尸斑；④尸僵；⑤血管硬化。如果以上五个特征中有一个尚未出现，都应视触电者为"假死"，还应坚持抢救。如果触电者在抢救过程中出现面色好转、嘴唇逐渐红润、瞳孔缩小、心跳和呼吸逐渐恢复正常，即可认为抢救有效。至于伤员是否真正死亡，只有医生才有权作出诊断结论。

**二、触电急救基本原则**

（1）当发现有人触电时，切不可惊慌失措，应设法尽快将触电人所接触的带电设备的开关或其他断路设备断开，使触电者脱离电源。迅速脱离电源是减轻伤害和救护触电者的关键和首要工作。

（2）当触电者安全脱离电源后，救护者要施行救护。施行人工呼吸和胸外心脏按压时，一定要按照规定动作进行操作，只有动作准确，救治才会有效。

（3）抢救触电者一定要在现场或附近就地进行，决不能长途护送到医院或其他地点去进行抢救，这样会延误抢救，影响救治效果。

（4）救治要坚持不懈地进行，要有信心、耐心，不要因一时抢救无效而放弃抢救。

（5）救护人员在救治他人的同时，要切记注意保护自己。例如，在触电者未脱离电源之前，救护人员在尚未采取任何安全措施的情况下严禁用手直接去拉触电人，防止发生救护人触电的事故。

（6）若触电人所处的位置较高，必须采取一定的安全措施，以防断电后触电者从高处摔下，造成二次伤害。

（7）救护时应保持头脑冷静清醒，应观察场地和周围环境，要分清是高压还是低压触电，以便做到忙而不乱，并采取相应的正确措施，使触电者脱离电源而救护人又不致触电。

（8）夜间发生触电事故，为救护触电伤员而切断电源时，有时照明会同时失电，因此应考虑事故照明、应急灯等临时照明，以利救护。

**三、脱离电源**

要根据触电现场的具体情况选择脱离电源的方法。

1. 脱离低压电源

使触电者脱离低压电源的主要方法有以下五种：

（1）切断电源。如果电源开关或插座就在触电地点附近，救护人应迅速拉开开关或拔掉插头等，如图 3-21 所示。

（2）割断电源线。如果电源开关或插座离触电地点很远，则可用带绝缘柄的电工钳或装有干燥木柄的斧头、锄头、铁锹等利器把电源侧的电线砍断，如图 3-22 所示。割断点最好选择在靠电源侧有支持物处，以防被砍断的电源线触及他人或救护人。

图 3-21　拉开开关或拔掉插头　　　图 3-22　割断电源线

（3）挑、拉电源线。如果电线断落在触电人身上或压在触电人身下，并且电源开关又不在触电现场附近时，救护者可用干燥的木棍、竹竿、扁担等一切身边可能拿到的绝缘物把电线挑开，如图 3-23 所示，或用干燥的绝缘绳索套拉导线或触电者，使其脱离电源。

（4）拉开触电者。如果救护人身边没有工具，可戴上绝缘手套或用干燥的衣服、帽子、围巾等物把一只手缠包起来，去拉触电人的干燥衣服。当附近有干燥的木板、木凳时，站在其上去拉更好（可增加绝缘）。但要注意：为使触电者与导电体解脱，救护人最好用一只手去拉，如图 3-24 所示，切勿碰触电者触电的金属物体或裸露身躯。

图 3-23　挑、拉电源线　　　　图 3-24　拉开触电者

（5）采取相应措施救护。如果电流通过触电者入地，并且触电者紧握电线，则可设法用干木板塞到触电人身下，使其与地隔离，然后用绝缘钳或其他绝缘器具（如干木把斧头等）将电线剪（切）断，救护人员在救护过程中也要尽可能站在干木板上或绝缘垫上，如图 3-25 所示。

2. 脱离高压电源

脱离高压电源的方法与低压不同，高压电源情况下使用上述

图 3 - 25　采取相应措施救护

工具是不安全的。如在户外作业，往往触电现场离电源开关很
远，救护人不易直接切断电源。高压触电很危险，不懂安全常识
或未受过专门培训的人，最好不要贸然去抢救触电者，以免自身
难保。脱离高压电源的方法如下：

（1）如果有人在高压带电设备上触电，救护人员应戴上绝缘
手套、穿上绝缘靴拉开电源开关，如图 3 - 26 所示，并用相应电
压等级的绝缘工具拉开高压跌落开关，以切断电源。与此同时，
救护人员在抢救过程中，应注意自身与周围带电部分之间的安全
距离。

（2）当有人在架空线路上触电时，救护人应尽快用电话通知
当地电业部门迅速停电，以备抢救；如触电发生在高压架空线杆
塔上，又不能迅速联系就近变电所停电时，救护者可采取应急措
施，即抛掷足够截面、适当长度的裸金属软导线，使电源线路短
路，造成保护装置动作，从而使电源开关跳闸。抛掷前，应将短
路线一端固定在铁塔或接地引下线上，另一端系重物。但在抛掷
时，应注意防止电弧伤人或断线危及他人安全，同时应做好防止

图 3-26　戴上绝缘手套，穿上绝缘靴拉开电源开关

触电者发生高处坠落摔伤的措施，如图 3-27 所示。

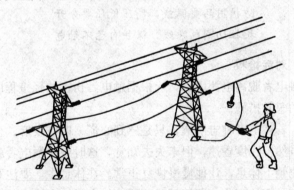

图 3-27　抛掷裸金属线使电源短路

（3）如果触电者触及断落在地上的带电高压导线，在尚未确认线路无电且救护人员未采取安全措施（如穿绝缘靴等）前，不能接近断线点 8～10m 范围内，以防跨步电压伤人。若要救人，救护人可戴绝缘手套，穿绝缘靴，用与触电电压等级相一致的绝缘棒将电线挑开，如图 3-28 所示。

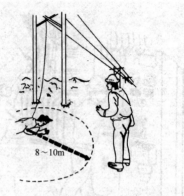

8～10m

图 3 - 28　未采取安全措施前不能接近断线

口诀 ▷ 脱离电源方法多，目的解救触电者，
安全常识要弄懂，抢救一定不盲目。
防护用品要佩戴，高压低压要分开，
挑拉切割电源线，保护自己不触电。

**四、对症抢救**

当触电者脱离电源以后，应根据触电者伤害的轻重程度，采取不同的急救措施。

（1）若触电者神志清醒，只是感到心慌、四肢发麻、全身无力或者虽然曾一度昏迷，但未失去知觉，这时要使触电者就地安静舒适地躺下休息，让他慢慢恢复正常。在休息中，要注意观察其呼吸和脉搏的变化，期间暂时不要让触电者站立或走动，以减轻心脏负担。

（2）若触电伤员神志不清，应将他就地躺平，确保其呼吸道畅通，并呼叫伤员或轻拍其肩部，如图 3 - 29 所示，判定伤员是否丧失意识，但禁止用摇动头部的办法呼叫。

（3）如果触电者神志确实丧失，应及时进行呼吸、心跳情况的判断，采取的办法是看、听、试。看，即看伤员的胸部、腹部有无起伏动作（看看有无气流），方法是救护者的脸贴近触电者的嘴和鼻孔处，也可用一张薄纸片放在触电者的嘴和鼻孔上，查看有无呼吸（纸片动，则有呼吸；纸片不动，呼吸中断）。听，即用耳贴近伤员的鼻处，听听有无呼气声音；用耳贴在触电人的胸部，听听心脏是

图 3-29 判定伤员意识

否停止跳动。试，即用两手指轻试一侧（左或右）喉结旁凹陷处的颈动脉有无搏动，判断心跳情况。呼吸、心跳情况的判断如图 3-30 所示。

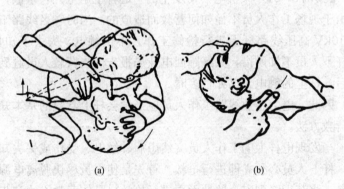

图 3-30 呼吸、心跳情况的判断
(a) 看、听；(b) 试

（4）如果触电者已丧失意识且呼吸停止，但心脏或脉搏仍跳动，应采用口对口人工呼吸法抢救。

（5）如果触电者有呼吸，但心脏和脉搏停止跳动，应采用胸外心脏按压法进行抢救。

（6）如果触电者呼吸和心跳均已停止，应立即按心肺复苏法

支持生命的三项基本措施〔通畅气道、口对口（鼻）人工呼吸、胸外心脏按压〕就地进行抢救。

人工呼吸法和胸外心脏按压法是目前现场救护的主要方法，只要操作正确、坚持不懈，对于一般"假死"状态的触电者来说，救活的可能性是比较大的。

在进行现场抢救的同时，还应尽快通知医务人员赶至现场急救，同时做好送医院的准备工作。此外触电者虽经现场抢救已恢复正常返回家中，但仍要注意观察，以免再发生病变。

**五、杆上或高处触电急救**

当杆上发生人身触电事故时，如果不懂得如何营救，或者营救方法不当，伤员不但得不到正确营救，还可能发生高空坠落摔伤而加重伤情，救护人本身也可能发生触电或摔跌事故。

**【实例 3 - 5】** 某供电公司发生的一起杆上触电死亡事故，就是由于现场工作人员不懂如何营救而造成的。当时一名线路工人在 10kV 高压线路杆上进行检修工作，不慎触电，失去了知觉，而杆下人员不知所措，只好跑回电业局报告。当营救人员赶到现场后，杆上的触电人已死亡多时。

因此，电力企业线路工作人员应当学会杆上营救的基本知识和营救方法。

当发现电杆上的工作人员突然患病、触电、受伤或失去知觉时，杆下人员必须立即进行抢救。首先是使伤员尽快脱离电源和高空，将其护降到安全的地面再进行抢救。具体营救方法和步骤如下：

（1）脱离电源。当判断杆上人发生触电情况时，首要的一点就是按照前述方法让触电人脱离电源。

（2）做好营救的准备工作。营救人员的自身保护对整个营救工作的成败是很重要的，为此营救人员要准备好必备的安全用具，如绝缘手套、安全带、脚扣、绳子等。另外还要观察电杆情况，看电杆是否倾斜、横担是否牢固。此外，救护人员确认触电者已与电源脱离，且救护人员本身所涉环境安全距离内无危险电源时，方能接触伤员进行抢救。

（3）选好营救位置。一般来说，营救的最佳位置是高出受伤者20cm，并面向伤员。固定好安全带后，再开始营救。

（4）确定伤员病情。将触电者扶卧到救护者的安全带上，进行意识、呼吸、脉搏判定。如伤员有知觉，可告诉他不要紧张，并将其下放到地面进行护理。

（5）对症急救。如伤员呼吸停止，立即口对口（鼻）吹气2次，以后每5s再吹一次；如颈动脉无搏动（心跳停止），杆上难以进行胸外按压，可用空心拳头（空心拳小指侧肌内部）离胸前上方25～30cm向胸前（心前区）叩击2次，如图3-31所示，以促使心脏复跳。如心跳不恢复，就不要再叩，应与地面联系，将伤员送到地面后，按前述办法进行抢救。

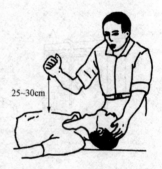

图3-31　胸前叩击示意抢救

（6）下放伤员。为使抢救更为有效，应当及早设法将伤员安全送到地面。下放方法是否得当，是抢救伤员成败的关键。下面介绍单人下放和双人下放法。

1）单人下放时，首先在杆上安放绳索，如见图3-32（a）所示，然后用3cm粗的绳子将伤员绑好，将绳子的一端固定在杆子横担上，固定时绳子要绕2～3圈，目的是增大下放时的摩擦力，以免突然将伤员放下，再发生意外。绳子另一端绑在伤员的腋下，绑的方法是在腋下环绕一圈，打三个半靠结，如图3-32（b）所示，绳子塞进伤员腋旁的圈内并压紧，如图3-32（c）所示，绳子的长度一般应为杆高的1.2～1.5倍。最后将伤员的脚扣和安全带松开，再解开固定在电杆上的绳子，缓缓将伤员放下，如图3-32（d）所示。

2）双人下放法基本同单人下放法，即救护人员上杆后，将绳子的一端绕过横担，绑在伤员的腋下，绳子另一端不是由杆上救护人握住，而是由杆下另一人握住缓缓下放，杆上人可握住绑触电人的一端顺着下放，如图 3-32（e）所示。双人下放用的绳子要求长一些，应为杆高的 2.2～2.5 倍。另外要求杆上、杆下救护人员做好配合工作，动作要协调一致，防止杆上人员突然松手，杆下人员没有准备，伤员从杆上快速降下而发生意外。

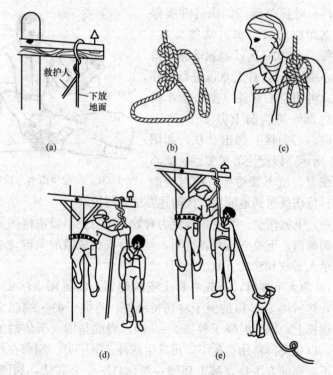

图 3-32　单、双人下放伤员
（a）、（b）、（c）绳子结法；（d）单人下放法；（e）双人下放法

 口诀

有人高处触了电，先要脱离开电源，
判定意识和呼吸，对症抢救心莫急，

抢救防止二次伤，安全救护第一桩，

将其护送至地面，防止坠落是关键。

**六、电烧伤**

1. 电烧伤的分类

（1）电接触烧伤。即人体直接与带电导体接触的烧伤，可造成皮肤及其深部组织，如肌肉、神经、血管、骨骼等严重烧伤。

（2）电弧烧伤。当人体接近高压电时，在电源与人体间会发生电弧放电，电弧温度很高，虽然放电时间短，但会深度烧伤人体，甚至将人体躯干或四肢烧断。

（3）火焰烧伤。电弧或电火花使衣服燃烧，从而烧伤人体。这种烧伤较浅，但烧伤面积较大。

2. 电烧伤的创面特点

（1）外表皮肤损害面积不大，但内部损害严重，组织会发生凝固性坏死，即具有"口小底大，外浅内深"的特点。

（2）有进口及多处出口，进口处创面大而深，出口处创面较小。

（3）肌肉组织常呈跳跃式坏死，即夹心性坏死。

（4）电流可造成血管壁内膜及肌层变性坏死和血管栓塞，从而引起继发性出血和组织的继发性坏死。

（5）致残率高，平均截肢率为30%左右。

3. 电烧伤的现场急救

（1）首先让伤员脱离电源，然后进行伤情判断，检查伤员有无意识，有无呼吸和心跳，有无外伤，然后采取相应措施。

（2）对心跳、呼吸停止者，应进行心肺复苏，要保护好烧伤创面，避免污染。在转送医院前，应用消毒灭菌敷料或清洁衣物、被单等包裹创面。电烧伤的临床处理复杂，创面愈合时间长，并发症多，这给现场急救带来不少困难。在现场紧急救护之后要及时送往医院进行补液疗法等。

在电力生产、基建中，由于各种原因造成的电烧伤事故是比较多的。

**【实例 3 - 6】** 违反安规，烧伤致残。某变电所主值刘××在进行开关油箱加油时，未查电源是否断开，又未验电、挂接地线，结果触电，烧伤面积达 50%，烧伤深度达Ⅱ～Ⅲ度，左手致残。

**【实例 3 - 7】** 某供电公司修试工区负责人张××，带领开关班班长杨××等检修金椒变电所 110kV 154 号出线开关，排除冒油缺陷时，没有办理工作票，变电所值班员也未向检修人员交代保留的带电部位，亦无安全措施。杨××在开关平台上穿越 155 号开关室时，手碰到带电的 155 号开关出线下桩头，触电烧伤，人从平台摔下，造成全身 65%Ⅱ度烧伤。

**【实例 3 - 8】** 某市供电公司西郊变电所 813 出线春检，当小组工作负责人李××、成员杨××检修到 813 线路 72 号杆时，没有找到杆号（上年新换的，无杆号），没查清杆上的接线情况，检修人员杨××在心有疑虑的情况下攀登电杆，李××在杆下监护，在接近低压线时，杨××用工作帽试无电再向上攀登，不放心，又用安全帽试高压线有无电，在试的一瞬间，814 带电侧对杨手指放电，造成杨右手食指烧伤，左脚击穿。

> 口诀
>
> 发生电烧伤触电，首先要脱离电源，
> 呼吸心跳先判断，对症急救不拖延。
> 止血包扎先处理，固定搬起去医院，
> 保护伤员烧伤面，防止污染要清洁。

## 第五节 心肺复苏法

呼吸和心脏跳动是人存活的基本特征，一旦呼吸停止，肌体则不能建立正常的气体交换而死亡。同样，心脏一旦停止跳动，肌体则因血液循环中止、缺乏氧气和养料而丧失正常功能，也会死亡。在现场若发现伤员心跳和呼吸突然停止，应采用现场心肺复苏法来进行抢救。只要抢救及时，复苏成功率是很高的。

现场心肺复苏法就是根据伤员心跳和呼吸突然停止的不同情况，分别采取的一种支持心跳和呼吸的措施。一般心跳停止后呼吸必然随之停止，而呼吸停止后，心肌严重缺氧，心跳也会很快停止。因此，人工呼吸和胸外心脏按压需同时进行。在两者进行之前还必须清理伤员口腔异物、通畅气道。通畅气道、人工呼吸和胸外心脏按压是心肺复苏法支持生命的三项基本措施。

**一、通畅气道、清理口腔异物**

心肺复苏成功的关键是通畅气道。昏迷患者气道阻塞的最常见原因，是舌肌缺乏张力而松弛，舌根向后下坠堵塞气道，会咽堵住气道入口，造成上呼吸道阻塞，如图 3 - 33 所示。要对患者进行人工呼吸，就必须开放气道，使舌根抬起离开咽后壁。但在开放气道时，如见到口内有异物或呕吐物，则应先将其清理掉。

图 3 - 33　舌和会咽阻塞气道示意图

（一）清理口腔异物

造成气道阻塞的原因除舌根坠入咽部外，还有在进食时，有大块食物、假牙、呕吐物等异物进入气道口，造成部分或完全气道阻塞，这时可根据伤员清醒或昏迷状态作不同处理。

1. 清醒者气道阻塞的处理

（1）强行咳嗽法。若伤员用手指抓住自己的脖子或指向咽喉部，说明气道有部分阻塞，这时可让他尽量反复用力强行咳嗽，使异物慢慢移动而被咳出。

（2）膈下腹部猛压法。让伤员站着或坐着，抢救者站在他的背后，用手臂抱住伤员腰部，一手握拳，使拳头的拇指一边朝向伤员的腹部，位置在正中线脐眼的上方，另一只手紧握第一只手，快速向上猛压，拳头压向他的腹部，一次不行可多次猛压，如图 3-34 所示。

（3）立位胸部猛压法。立位胸部猛压法如图 3-35 所示。此法适用于肥胖人，其方法是让伤员立位，抢救人站在其背后，两臂通过其腋窝下方，环抱伤员胸部，拳头拇指侧放在胸骨中部（注意离开剑突和肋弓边缘），然后抢救者用另一只手紧抓着拳头并向后猛压，直至异物排出。

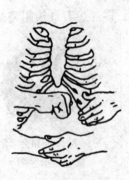

图 3-34　膈下腹部猛压法示意图　　图 3-35　立位胸部猛压法示意图

2. 昏迷者气道阻塞的处理

（1）手指清除异物法。如果已经看到伤员口腔内的异物，则应该迅速用两个手指交叉取出或用手指将异物钩出口腔。方法是：抢救者用拇指和其余手指握住伤员的舌和下颌，使口张开，然后将下颌骨和舌头一同上抬，同时将舌头从咽后部向外拉，将阻塞在咽部的异物拉到口腔内，这样可部分地解除阻塞；用另一只手的手指沿口角部颊的内侧插入口腔，深达舌的根部，作钩取动作使异物松动落入口中取出，如图 3-36 所示。

（2）腹部猛压法。使伤员仰卧位，抢救者跪在大腿旁，用一只手的掌根置放在正中线脐部稍上方，远离剑突；另一只手直接叠在第一只手上，用迅速向上的动作，猛压腹部，并从腹部的正中向上推，不能推向左侧或右侧，否则难以达到排出异物的目的，如图 3-37 所示。

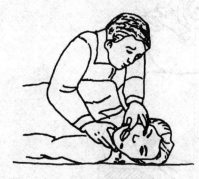
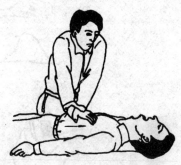

图 3-36  用手指清除异物　　　　图 3-37  腹部猛压法

（二）通畅气道

异物从口腔清除掉后，即可进行通畅气道，主要有以下两种方法。

（1）仰头抬颏法。这是一种简单、安全、易学和有效的一种方法。其方法是，将患者仰面躺平，抢救者位于伤员肩部呈跪状，用一只手放在伤员前额上，手掌用力向后压；另一只手的手指放在颏下将其下颏骨向上抬起，两手协同使下面的牙齿接触到上面牙齿，从而将头后仰，舌根随之抬起，呼吸道即可通畅。但应注意：在抬颏时不要将手指压向颈部软组织的深处，否则会阻塞气道。禁止用枕头或其他物品垫在伤员头下，否则头部抬高前倾，也会加重气道阻塞，如图 3-38 所示。

（2）托颌法。此法对通畅气道也非常有效。由于托颌可不必使头后仰，因此对颈部有损伤者更适用。其方法是，将伤者仰面躺平，抢救者跪在伤员的头部附近，两肘关节支撑在伤者仰卧的平面上，两手放在伤员的下颌两侧，以食指为主，用力将下颌角托起，如图 3-39 所示。在操作中，不得将头部从一侧转向另一

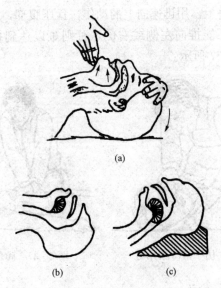

图 3 - 38  仰头抬颏法

(a) 仰头抬颏；(b) 气道通畅；(c) 气道阻塞

侧或使头部后仰，以免加重颈椎部损伤。

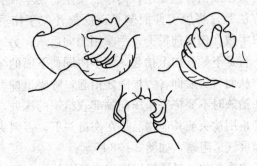

图 3 - 39  托颌法

## 二、人工呼吸

### (一) 口对口人工呼吸法

口对口人工呼吸就是采用人工机械动作（抢救者呼出的气通

过伤员的口或鼻对其肺部进行充气以供给伤员氧气），使伤者肺部有节律地膨胀和收缩，以维持气体交换（吸入氧气，排出二氧化碳），并逐步恢复正常呼吸的过程，如图 3 - 40 所示。

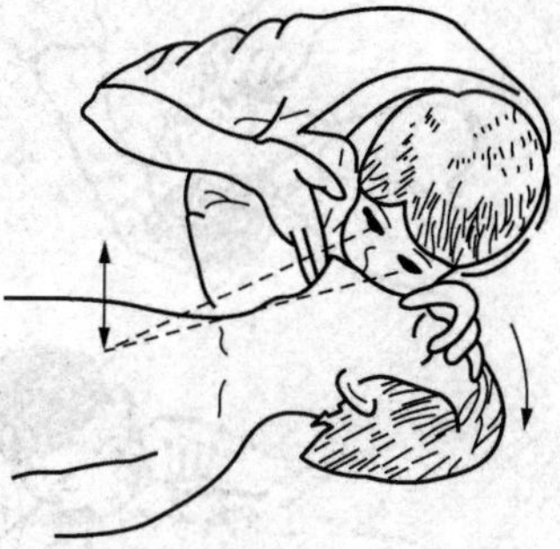

图 3 - 40　口对口对人工呼吸法

1. 准备工作

（1）按上所述做好清理口腔异物、通畅呼吸道的工作。

（2）解开伤者衣领扣、松开上身的紧身衣，解开裤带、摘下假牙，以使胸部能自由扩张。

（3）维持好现场秩序，以便抢救。

2. 操作步骤

（1）头部后仰。当上述准备工作完成后，让伤员头部尽量后仰、鼻孔朝天，避免舌下坠导致呼吸道梗阻，如图 3 - 41 （a）所示。

（2）捏鼻掰嘴。救护人站在伤员头部的左（或右）边，用放在前额上的拇指和食指捏紧其鼻孔，以防止气体从伤员鼻孔逸出，另一只手的拇指和食指将其下颌拉向前下方，使嘴巴张开，准备接受吹气，如图 3 - 41 （b）所示。

（3）贴嘴吹气。救护人深吸一口气屏住，用自己的嘴唇包绕封住伤员的嘴，在不漏气的情况下，作两次大口吹气，每次 1～1.5s，同时观察伤员胸部起伏情况，以胸部略有起伏为宜，表示吹气适量，如图 3 - 41 （c）所示。

（4）放松换气。吹完气后，救护人的口立即离开病人的口，头稍抬起，捏鼻子的手放松，让病人自动呼气，如图 3 - 41 （d）所示。在吹完两口气后，每隔 5s 吹一次（吹 2s，放松 3s），依次不断，一直到呼吸恢复正常。

3. 检查效果

（1）胸部有起伏则效果好，无起伏可能是气道有阻塞，应检

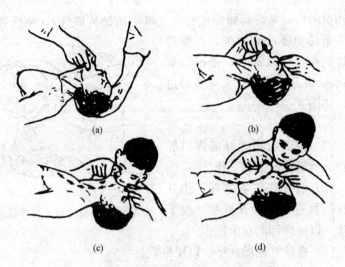

图 3-41 口对口人工呼吸的操作步骤

(a) 头部后仰；(b) 捏鼻掰嘴；(c) 贴嘴吹气；(d) 放松换气

查气道。

(2) 呼气时感到有气体逸出，效果为好。

如果伤员牙关紧闭，不便做口对口人工呼吸时，则应用小木片或小金属片从其嘴角伸入牙缝慢慢撬开其嘴。

（二）口对鼻人工呼吸

伤员如有严重的下颌和嘴唇外伤、牙关紧闭、下颌骨折等难以做到口对口密封时，可采用此法。其操作方法是：

(1) 抢救者用一只手放在伤员前额上使其头部后仰，用另一只手抬起伤员的下颌并使口闭合。

(2) 抢救者作一深吸气，用嘴唇包绕封住伤员鼻孔，并向鼻内吹气。

(3) 抢救者的口部移开，让伤员被动地将气呼出，依次反复进行，其他注意点同口对口人工呼吸法。

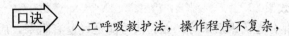

口诀 ➤ 人工呼吸救护法，操作程序不复杂，

清口捏鼻手托颈，再将头部往后仰。

捏鼻掰嘴嘴吹气，张嘴困难吹鼻孔，

换气间隔5秒钟，重复进行至正常。

### 三、胸外心脏按压法

现场抢救危急伤员（呼吸停止、心跳停止）时除开放气道、人工呼吸（救生呼吸）外，还必须使心脏搏出血液进行循环。

胸外心脏按压法就是采用人工机械的强制作用（即在胸外按压心脏），迫使心脏有节律地收缩，从而达到恢复心跳、恢复血液循环，并逐步恢复正常的心脏跳动的目的。

胸外心脏按压法主要是有节奏地按压胸骨下半部，它可使胸腔内压力普遍增加并对心脏产生直接压力，改善心、肺、脑和其他器官的血液循环，如图 3-42 所示。

图 3-42　胸外心脏按压法

（一）准备工作

（1）在进行胸外心脏按压前，应先测试颈动脉有无脉搏。如有脉搏，进行胸外按压就可能导致严重的并发症；如无脉搏，应在进行两次人工呼吸后立即进行胸外心脏按压。

（2）伤员应仰面躺平在平硬处（地面、地板或木板上），头部放平，如头部比心脏高，则会减小流向头部的血流量。下肢可抬高 30cm 左右，以帮助静脉回流。

救护者跪在伤员的肩旁，两脚分开，准备按压。

（二）操作步骤

1. 确定胸外心脏按压的正确部位

按压部位的正确与否，是保证胸外心脏按压实施效果好坏的重要前提，并可防止胸肋骨骨折和各种并发症的发生。

（1）找切迹。救护者靠近病人，手的食指和中指并拢，沿胸廓下方肋缘向上直达肋骨与胸骨接合处，沿线称为切迹，如图 3-43 所示。

（2）正确按压部位。一只手的中指置于切迹顶部，剑突与胸骨接合处，食指紧挨着中指置于胸骨的下端，另一只手的掌根紧挨着食指放在胸骨上，掌根处即为正确的胸外按压部位，如图 3-44 所示。

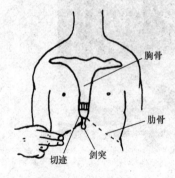

图 3-43　找切迹　　　　　图 3-44　正确按压部位

2. 正确的按压姿势

（1）正确按压部位确定后，将第一只手从切迹处移开，叠放在另一只的手背上，使两手相叠，以加强按压力量，如图 3-45 所示。

（2）救护人跪在地面上，身体尽量靠近伤员；腰部稍弯曲，上身略向前倾，两臂刚好垂直于正确按压部位的上方，使压力每次均直接压向胸骨，肘关节要绷直不屈曲，手指翘起，离开胸壁

图 3 - 45　两手相叠，加大按压力量

和肋骨，只允许掌根接触按压部位，如图 3 - 46 所示。

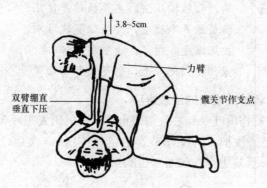

图 3 - 46　按压的正确姿势

3. 进行按压

（1）操作时，利用上身的重量，以髋关节为活动支点，掌根用适当的力量冲击垂直向下按压，如图 3 - 47（a）所示。

（2）压陷的深度一般为 3.8～5cm，然后掌根要立即全部放松（但双手不要离开胸腔），以使胸部自动复原，让血液回流入心脏，如图 3 - 47（b）所示。

（3）按压的速度以每分钟 80～100 次为宜，放松时间与按压时间相等，各占 50%。假如按压时间长，放松时间短，就缩短

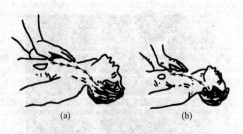

图 3-47　按压操作

(a) 向下按压；(b) 迅速放松

了心脏舒张时间，影响血液回流。

胸外心脏按压法，主要操作是按压，
伤员放置平硬处，按压位置找准确。
按压深度 5 厘米，速度每分 80 次，
操作要领记心上，伤员恢复有希望。

**四、救护过程中的注意事项**

（1）若伤员呼吸、心跳都停止了，则采用人工呼吸和胸外心脏按压交叉救护。其操作节奏为：每按压 30 次后，吹气 2 次（30∶2），反复进行，如图 3-48 所示。

图 3-48　心肺复苏法

（2）在抢救过程中，应用前述介绍的看、听、试的方法，在 5～7s 时间内，对伤员的呼吸和心跳是否恢复进行再判定。若判定颈动脉已有搏动但无呼吸，则暂停胸外心脏按压，可再进行两

次口对口人工呼吸，接着每 5s 吹气 1 次。如脉搏和呼吸均未恢复，则继续用人工呼吸和胸外心脏按压法进行抢救。

（3）抢救应在现场就地坚持进行，不要为图方便而随意移动伤员。只有在条件不允许时，才可将伤员抬到可靠地方进行急救。在将伤员移动和送往医院途中，抢救工作也不要中止，除非伤员呼吸和心跳完全恢复正常或者明显死亡。如抢救多时后，呼吸、心跳仍未恢复，瞳孔不缩小、对光照无反应，背部、四肢等部位出现红色尸斑，皮肤青灰、身体僵冷，且经医生确认死亡时，方可中止抢救。

（4）移动伤员或将其送往医院时，应使伤员平躺在担架上，并在其背部垫以平硬的阔木板，不得一人抱双臂、一人抬双腿行走，如图 3-49 所示。

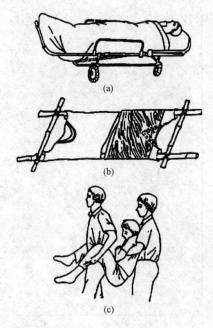

图 3-49  搬运伤员
（a）正常担架；（b）临时担架及木板；（c）错误搬运

（5）伤员好转初期，应严密监护，不能麻痹，随时准备再次抢救，以防心跳、呼吸在恢复初期再次骤停，在此期间应让伤员安静休养。

　　心跳呼吸全没了，心肺复苏同时搞，
　　畅通气道是第一，人工呼吸第二步。
　　胸外按压同进行，三项措施保生命，
　　反复操作不间断，边打电话送医院。

# 第四章

# 安 全 用 具

## 第一节　安全用具的作用和分类

### 一、安全用具的作用

在电力系统中，作业人员要从事不同的工作和进行不同的操作，而生产实践又告诉我们，为了顺利完成任务而又不发生人身事故，操作工人必须携带和使用各种安全用具。例如：对运行中的电气设备进行巡视、改变运行方式、检修试验时，需要采用电气安全用具；在线路施工中，人们离不开登高安全用具；在带电的电气设备上或邻近带电设备的场所工作时，为了防止工作人员触电或被电弧灼伤，需使用绝缘安全用具，等等。安全用具是防止触电、坠落、电弧灼伤等工伤事故，保障工作人员安全的各种专用工具和用具，这些工具是电工作业中必不可缺少的。

### 二、安全用具的分类

安全用具可分为绝缘安全用具和一般防护安全用具两大类。绝缘安全用具又分为基本安全用具和辅助安全用具两类。

1. 绝缘安全用具

（1）基本安全用具。是指那些绝缘强度大、能长时间承受电气设备的工作电压，能直接用来操作带电设备或接触带电体的用具。属于这一类的安全用具有高压绝缘棒、高压验电器、绝缘夹钳、钳形电流表等。

（2）辅助安全用具。是指那些绝缘强度不足以承受电气设备或线路的工作电压，而只能加强基本安全用具的保安作用，用来防止接触电压、跨步电压、电弧灼伤对操作人员伤害的用具。不能用辅助安全用具直接接触高压电气设备的带电部分。属于这一类的安全用具有绝缘手套、绝缘靴（鞋）、绝缘垫、绝缘台等。

2. 一般防护安全用具

一般防护安全用具是指那些本身没有绝缘性能，但能起到防护工作人员发生事故的用具。这种安全用具主要用作防止检修设备时误送电，防止工作人员走错间隔、误登带电设备，保证人与带电体之间的安全距离，防止电弧灼伤、高空坠落等。这些安全用具尽管不具有绝缘性能，但对防止工作人员发生伤亡事故是必不可少的。属于这一类的安全用具有携带型接地线、防护眼镜、安全帽、安全带、标示牌、临时遮栏等。此外，登高用的梯子、脚扣、站脚板等也属于这类安全用具。

**口诀**

电工作业要保障，防护用具需用上，
安全用具有分类，基本、辅助和一般。
使用一定要分清，工作时要随身带，
安全作业有保障，人人满意大家夸。

## 第二节　基本安全用具

### 一、绝缘棒

绝缘棒又称绝缘杆、操作杆，如图4-1所示。

1. 主要用途

绝缘棒用来接通或断开带电的高压隔离开关、跌落开关，安装和拆除临时接地线以及带电测量和试验工作。

2. 结构及规格

绝缘棒主要由工作部分、绝缘部分和握手部分构成，如图4-2所示。

（1）工作部分一般由金属或具有较大机械强度的绝缘材料（如玻璃钢）制成，一般不宜过长。在满足工作需要的情况下，长度不应超过5～8cm，以免操作时发生相间或接地短路。

（2）绝缘部分和握手部分是用浸过绝缘漆的木材、硬塑料、胶木等制成的，两者之间由护环隔开。绝缘棒的绝缘部分须光

(a)                              (b)

图 4-1 绝缘棒

(a) 实物图；(b) 示意图

洁，无裂纹或硬伤，其长度根
据工作需要、电压等级和使用
场所而定。如 110kV 以上电气
设备使用的绝缘棒，其长度部
分为2～3m。

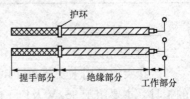

图 4-2 绝缘棒的结构

(3) 为了便于携带和保管，
往往将绝缘棒分段制作，每段端头有金属螺钉，用以相互镶接，
也可用其他方式连接，使用时将各段接上或拉开即可。

3. 使用和保管注意事项

(1) 使用绝缘棒时，工作人员应戴绝缘手套和穿绝缘靴
（鞋），以加强绝缘棒的保安作用。

(2) 在下雨、下雪天用绝缘棒操作室外高压设备时，绝缘棒
应有防雨罩，以使罩下部分的绝缘棒保持干燥。

（3）使用绝缘棒时要注意防止碰撞，避免损坏表面的绝缘层。

（4）绝缘棒应存放在干燥的场所，防止受潮。一般应放在特制的架子上或垂直悬挂在专用挂架上，以防弯曲变形。

（5）绝缘棒不得直接与墙或地面接触，以防碰伤其绝缘表面。

4. 检查与试验

（1）绝缘棒一般应每3个月检查一次。检查时要擦净表面，检查有无裂纹、机械损伤、绝缘层损坏。

（2）绝缘棒一般每年必须试验一次，试验项目及标准见表4-1。

表4-1　　　　　　　　　　绝缘棒试验项目

| 名　称 | 电压等级<br>（kV） | 周期（年） | 交流耐压<br>（kV） | 时间<br>（min） |
|---|---|---|---|---|
| 绝缘棒 | 6～10 | 1 | 44 | 5 |
| | 35～154 | | 4倍相电压 | |
| | 220 | | 3倍相电压 | |

## 二、绝缘夹钳

1. 主要用途

绝缘夹钳是用来安装和拆卸高压熔断器或执行其他类似工作的工具，主要用于35kV及以下电力系统，如图4-3所示。

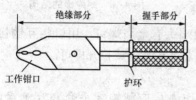

图4-3　绝缘夹钳

2. 主要结构

绝缘夹钳由工作钳口、绝缘部分（钳身）和握手部分（钳把）组成，各部分所用材料与绝缘棒相同。它的工作部分是一个强固的夹钳，并有一个或两个管形的钳口，用以夹紧熔断器。其绝缘部分和握手部分的最小长度不应小于表4-2所列数值，主要由电压和使用场所确定。

表 4 - 2　　　　　　　　绝缘夹钳的最小长度

| 电压（kV） | 户内设备用（m） | | 户外设备用（m） | |
|---|---|---|---|---|
| | 绝缘部分 | 握手部分 | 绝缘部分 | 握手部分 |
| 10 | 0.45 | 0.15 | 0.75 | 0.20 |
| 35 | 0.75 | 0.20 | 1.20 | 0.20 |

3. 使用和保管注意事项

（1）绝缘夹钳上不允许装接地线，以免在操作时，由于接地线在空中游荡而造成接地短路和触电事故。

（2）在潮湿天气只能使用专用的防雨绝缘夹钳。

（3）作业人员工作时，应戴护目眼镜、绝缘手套和穿绝缘靴（鞋）或站在绝缘台（垫）上，手握绝缘夹钳时要精力集中并保持平衡。

（4）绝缘夹钳要保存在专用的箱子里或匣子里，以防受潮和磨损。

4. 试验与检查

绝缘夹钳和绝缘棒一样，应每年试验一次，其耐压试验标准见表 4 - 3。

表 4 - 3　　　　　　　　绝缘夹钳耐压试验标准

| 名　称 | 电压等级（kV） | 周期（年） | 交流耐压（kV） | 时间（min） |
|---|---|---|---|---|
| 绝缘夹钳 | 35 及以下 | 1 | 3 倍线电压 | 5 |
| | 110 | | 260 | |
| | 220 | | 400 | |

### 三、高压验电器

验电器又称测电器、试电器或电压指示器，可以分为高压和低压两类，如图 4 - 4 所示。

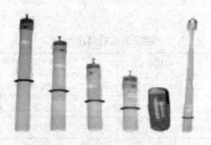

图 4 - 4　棒状伸缩型高压验电器

图 4 - 5　验电器的使用

根据所使用的工作电压，高压验电器一般制成 10kV 和 35kV 两种。

1. 用途

验电器是检验电气设备、电器、导线上是否有电的一种专用安全用具。每次断开电源进行检修时，必须先用验电器验明设备确实无电后，方可进行工作，如图 4 - 5 所示。

2. 结构

验电器可分为指示器和支持器两部分，如图 4 - 6 所示。

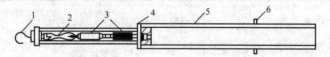

图 4 - 6　验电器结构
1—工作触头；2—氖灯；3—电容器；4—接地螺钉；5—支持器；
6—隔离护环

（1）指示器是一个用绝缘材料制成的空心管，管的一端装有金属制成的工作触头 1，管内装有一个氖灯 2 和一组电容器 3，在管的另一端装有一金属接头，用来将管接在支持器上。

（2）支持器4是用胶木或硬橡胶制成的，分为绝缘部分和握手部分（握柄），在两者之间装有一个比握柄直径稍大的隔离护环6。

3. 使用注意事项

（1）必须使用电压和被验设备电压等级相一致的合格验电器。验电操作顺序应按照验电"三步骤"进行，即在验电前，应将验电器在带电的设备上验电，以验证验电器是否良好，然后再在已停电的设备进出线两侧逐相验电。当验明无电后再把验电器在带电设备上复核一下，看其是否良好。

（2）验电时，应戴绝缘手套，验电器应逐渐靠近带电部分，直到氖灯发亮为止，验电器不要立即直接触及带电部分。

（3）验电时，验电器不应装设接地线，除非在木梯、木杆上验电，不接地不能指示者，才可装接地线。

（4）验电器用后应存放于匣内，置于干燥处，避免积灰和受潮。

4. 检查与试验

（1）每次使用前都必须认真检查，主要检查绝缘部分有无污垢、损伤、裂纹，指示氖泡是否损坏、失灵。

（2）对高压验电器应每半年试验一次，一般验电器的试验分发光电压试验和耐压试验两项，试验标准见表4-4。

表4-4　　　　　　　验电器的试验标准

| 验电器额定电压（kV） | 发光电压试验 | | 耐压试验 | | | |
|---|---|---|---|---|---|---|
| | 氖气管起辉电压（kV） | 氖气管清晰电压（kV） | 接触端和电容器引出端之间 | | 电容器引出端和护环边界之间 | |
| | | | 试验电压（kV） | 试验时间（min） | 试验电压（kV） | 试验时间（min） |
| 10及以下 | 2.0 | 2.5 | 25 | 1 | 40 | 5 |
| 35及以下 | 8.0 | 10 | 35 | 1 | 105 | 5 |

### 四、GHY 型高压回转验电器

GHY 型高压回转验电器是由原上海供电局引进消化吸收国外先进技术研制的一种新型高压验电器，如图 4-7 所示。

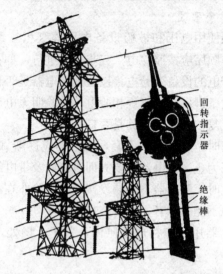

图 4-7　GHY 型高压回转验电器

1. 测试原理

GHY 型高压回转验电器是利用带电导体尖端放电生产的电风（即通过电晕放电产生的电晕风）来驱使指示叶片旋转，从而检测是否有电的，故也称风车式验电器。

2. 结构、型号及动作原理

GHY 型高压回转验电器主要由回转指示器和长度可以自由伸缩的绝缘棒组成。使用时，将回转指示器触及线路或电气设备，若设备带电，指示叶片则旋转，反之则不旋转。因此指示明显、便于识别。

根据不同的使用电压，GHY 型验电器有三种型号，其有关数据见表 4-5。

表 4 - 5　　　　　　　　　验电器型号及有关数据

| 型号 | 使用电压（kV） | 指示器颜色 | 配用绝缘棒 |
|---|---|---|---|
| GHY—10 | 6～10 | 绿 | 0.9m，2节 |
| GHY—35 | 35 | 黄 | 0.9m，2节 |
| GHY—110 | 110～220 | 红 | 1.2m，4节 |

3. 适用范围

GHY 型验电器具有灵敏度高、选择性强、信号指示鲜明、操作方便等优点，不论在线路、杆塔上或变电所内都能够正确、明显地指示电力设备有无电压，适用于 6kV 及以上的交流电压。

4. 使用方法及注意事项

（1）使用前，应按所测验设备（线路）的电压等级，选用合适型号的回转指示器和绝缘棒。

（2）使用前，应观察回转指示器叶片有无脱轴现象（脱轴者不得使用），然后将回转指示器握在手中轻轻摇晃，其叶片应稍有摆动。

（3）在现场设备停电的情况下使用验电器时，在使用前，需用高压发生试验器对回转指示器进行检验，证实良好后方可使用。

（4）把检验过的回转指示器固定在绝缘棒上，并用绸布将其表面擦净，然后转动至方便观察的角度。

（5）根据电力设备所需测试的电压等级，将绝缘棒拉伸至规定长度。绝缘棒上标有红线，红线以上部位表示内有电容元件，且属带电部分，该部分应按安全工作规程要求与邻近导体或接地体保持必要的安全距离。

（6）使用验电器时，工作人员必须手握绝缘棒护环以下的部位，不准超过护环。

（7）在测试时，应逐渐靠近被测设备。一旦指示器叶片开始正常回转，即说明该设备有电，应立即离开被测设备。叶片不得长期回转，以延长验电器的使用寿命。

（8）验电器在多回路平行架空线上对其中任一回路进行验电时，不受其他运行线路感应电压的影响。当电缆或电容器上存在残余电荷电压时，回转指示器叶片仅短时缓慢转动几圈，即自行停转，因此可以准确鉴别设备停电与否。

（9）回转指示器应妥善保管，不得强烈振动或冲击，也不准擅自调整拆装。

（10）回转验电器只在户内或户外良好天气下使用，在雨、雪等环境下禁止使用。

（11）每次使用完毕，在收缩绝缘棒及取下回转指示器放入包装袋之前，应将表面尘埃擦净，并存放在干燥通风的地方，避免受潮。

（12）为保证使用安全，验电器应每半年进行一次预防性电气试验。

**五、低压验电器**

低压验电器又称试电笔或验电笔。

1. 用途

低压验电器是一种检验低压电气设备、电器或线路是否带电的用具，也可以用来区分相（火）线和中性（地）线。试验时，氖管灯泡发亮的即为相线。此外，还可以用低压验电器区分交、直流电，当交流电通过氖管灯泡时，两极附近都发亮，而直流电通过氖管灯泡时，仅一个电极发亮。

2. 结构

低压验电器的结构如图 4-8 所示。在制作时为了工作和携带方便，常做成钢笔式或螺丝刀式。但不论哪种形式，其结构都类似，都是由一个高值电阻、氖管、弹簧、金属触头和笔身组成。

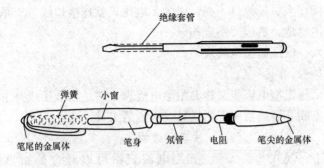

绝缘套管

弹簧　小窗

笔尾的金属体　　笔身　　氖管　　电阻　　笔尖的金属体

图 4-8　低压验电器的结构

3. 使用

（1）使用时，手拿验电笔，用一个手指触及金属笔卡，金属笔尖顶端接触被检查的带电部分，看氖管灯泡是否发亮，如图 4-9 所示。如果发亮，说明被检查的部分是带电的，并且灯泡越亮，说明电压越高。

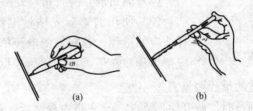

(a)　　　　　　　　(b)

图 4-9　验电笔的使用方法

（2）低压验电笔在使用前后也要在确知有电的设备或线路开关、插座上试验一下，以证明其是否良好。

（3）低压验电笔并无高压验电器的绝缘部分，故绝不允许在高压电气设备或线路上进行试验，只能在 $100\sim500\text{V}$ 范围内使用，以免发生触电事故。

【实例 4-1】　某日，某变电所值班人员在进行倒闸操作时，因验电前未在带电设备上检验氖灯验电器是否完好，且本应在停电设备上验电，却误在带电设备上验电，由于验电器上氖灯损坏，操作人员见氖灯不亮，以为无电压，就挂接地线，于是被弧光冲击倒地，造成严重烧伤。

### 六、低压钳型电流表

（一）作用

低压钳型电流表又称夹钳形电流表，它是在低压线路上，用于在不断开导线情况下测量导线电流的工具。

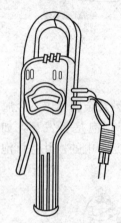

（二）结构

钳型电流表由可以开合的钳形铁芯互感器和绝缘部分组成，其上装有用转换开关来变更量程的电流表，如图 4 - 10 所示。

（三）使用与维护

（1）使用钳型电流表时，操作人员应带干燥的线手套。

（2）测量前，应将钳口处擦净。

（3）使用时，应先估计电流数值，选择适应的量程。若对被测电流值心中无数，

图 4 - 10　钳型电流表

应把量程放在最大挡，然后根据测得结果，再选择合适的量程测量。

（4）测量时，张开钳形铁芯，套入带电导线后，钳口应紧密闭合，以保证读数准确。

（5）测完后，应把量程放在最大挡。

（6）在潮湿和雷雨天气，禁止在户外使用钳型电流表进行测量。

（7）钳型电流表应存放在专用的箱子或盒子内，放在室内通风、干燥处。

　　基本安全有用具，绝缘夹钳验电器，
　　使用要穿绝缘鞋，绝缘手套不能缺。

验电器分高低压，电压等级不能差，

低压又称验电笔，随身携带方便己。

# 第三节　辅助安全用具

## 一、绝缘手套

### 1. 作用

绝缘手套是在高压电气设备上进行操作时使用的辅助安全用具，如用来操作高压隔离开关、高压跌落开关、油断路器等，如图4-11所示。在低压带电设备上工作时，把它作为基本安全用具使用，即使用绝缘手套可直接在低压设备上进行带电作业。绝缘手套可使人的两手与带电物绝缘，是防止同时触及不同极性带电体而触电的安全用品。

### 2. 式样及技术数据

绝缘手套用特种橡胶制成，其式样如图4-12所示。

图4-11　绝缘手套应用　　　　图4-12　绝缘手套式样

绝缘手套分为12kV和5kV两种，都是以其试验电压而命名的。其技术数据见表4-6。

表4-6　　　　　　　　　绝缘手套的技术数据

| 项目 | | 12kV 绝缘手套 | 5kV 绝缘手套 |
|---|---|---|---|
| 试验电压（kV） | | 12 | 5 |
| 使用电压 | | 1kV 以上为辅助安全用具，1kV 以下为基本安全用具 | 1kV 以下为辅助安全用具 |
| 物理性能 | 扯断强度（MPa） | 15.68 以上 | 15.68 以上 |
| | 伸长率（%） | 600 以上 | 600 以上 |
| | 硬度（邵氏） | 35±5 | 35±5 |
| 规格 | 长度（mm） | 380±10 | 380±10 |
| | 厚度（mm） | 1～1.5 | 1±0.4 |

3. 使用及保管注意事项

（1）每次使用前应进行外部检查，查看表面有无损伤、磨损或破漏、划痕等。如有砂眼、漏气等情况，应禁止使用。检查方法是，将手套朝手指方向卷曲，当卷到一定程度时，内部空气因体积减小、压力增大，手指鼓起，不漏气者即为良好，如图4-13所示。

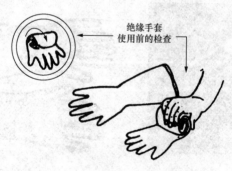

绝缘手套
使用前的检查

图4-13　绝缘手套使用前的检查

（2）戴绝缘手套前，宜先戴上一双棉纱手套，这样夏天可防止出汗而操作不便，冬天可以保暖。戴手套时，应将外衣袖口放入手套的伸长部分内。

(3) 绝缘手套使用后应擦净、晾干，最好洒上一些滑石粉，以免粘连。

(4) 绝缘手套应存放在干燥、阴凉的场所，并应倒置在指形支架上或存放在专用的柜内，与其他工具分开放置，其上不得堆压任何物件。

(5) 绝缘手套不得与石油类的油脂接触，合格的绝缘手套与不合格的绝缘手套不能混放在一起，以免使用时拿错。

4. 试验及标准

绝缘手套每半年试验一次，其试验标准见表 4-7。

表 4-7　　　　　　　　绝缘手套试验标准

| 名称 | 电压等级（kV） | 周期 | 交流耐压（kV） | 泄漏电流（mA） | 时间（min） |
|---|---|---|---|---|---|
| 绝缘手套 | 高压 | 每 6 个月一次 | 8 | ≤9 | 1 |
| | 低压 | | 2.5 | ≤2.5 | |

## 二、绝缘靴（鞋）

1. 作用

绝缘靴（鞋）的作用是使人体与地面绝缘。绝缘靴是高压操作时用来与地保持绝缘的辅助安全用具，而绝缘鞋用于低压系统中，两者都可作为防护跨步电压的基本安全用具。

2. 式样及规格

绝缘靴（鞋）也是由特种橡胶制成的。绝缘靴通常不上漆，这和涂有光泽黑漆的橡胶水靴在外观上所不同，其式样如图 4-14 所示。

图 4-14　绝缘靴（鞋）的式样

绝缘靴有以下规格：37～41 号，靴筒高 230mm±10mm；41～43 号，靴筒高 250mm±10mm。绝缘鞋的规格为 35～45 号。

3. 使用及保管注意事项

（1）绝缘靴（鞋）不得当作雨鞋或作其他用，其他非绝缘靴（鞋）也不能代替绝缘靴（鞋）使用。

（2）为了使用方便，一般现场至少配备大、中号绝缘靴各两双，以保证工作人员都有靴穿用。

（3）绝缘靴（鞋）如试验不合格，则不能再穿用。对绝缘鞋，可从其大底面磨损程度作初步判断。当大底面磨光并露出黄色面胶（绝缘层）时，就不能再穿用了。

（4）绝缘靴（鞋）在每次使用前应进行外部检查，查看表面有无损伤、磨损或破漏、划痕等，如有砂眼漏气，应禁止使用。

（5）绝缘靴（鞋）应存放在干燥、阴凉的地方，并应存放在专用的柜内，要与其他工具分开放置，其上不得堆压任何物件。

（6）不得与石油类的油脂接触，合格的绝缘靴（鞋）与不合格的绝缘靴（鞋）不能混放在一起，以免使用时拿错。

4. 试验标准

绝缘靴的试验标准见表 4-8。

表 4-8　　　　　　　　绝缘靴的试验标准

| 名称 | 电压等级 | 周期 | 交流耐压（kV） | 泄漏电流（mA） | 时间（min） |
|------|---------|------|--------------|---------------|-------------|
| 绝缘靴 | 高压 | 每 6 个月一次 | 15 | ≤7.5 | 1 |

### 三、绝缘垫

1. 作用

绝缘垫的保安作用与绝缘靴基本相同，因此可把它视为一种固定的绝缘靴。绝缘垫一般铺在配电装置室等的地面上，以及控制屏、保护屏和发电机、调相机的励磁机等端处，以便带电操作开关时，增强操作人员的对地绝缘，避免或减轻发生单相短路或电气设备绝缘损坏时接触电压和跨步电压对人体的伤害。在低压配电室地面上铺绝缘垫，可代替绝缘鞋，起到绝缘作用。因此在1kV 及以下时，绝缘垫可作为基本安全用具；而在 1kV 以上时，仅作辅助安全用具绝缘垫如图 4-15 所示。

图 4-15　绝缘垫

2. 规格

绝缘垫也是由特种橡胶制成的，表面有防滑条纹或压花，因此有时也称为绝缘毯。绝缘垫的厚度有 4、6、8、10、12mm 五种，宽度多为 1m，长度为 5m，其最小尺寸不宜小于 0.75m×0.75m。

3. 使用及保管注意事项

（1）在使用过程中，应保持绝缘垫干燥、清洁，注意防止与酸、碱及各种油类物质接触，以免受腐蚀后老化、龟裂或变黏，降低其绝缘性能。

（2）绝缘垫应避免阳光直射或锐利金属划刺，存放时应避免与热源（暖气等）距离太近，以防急剧老化变质，导致绝缘性能下降。

（3）使用过程中要经常检查绝缘垫有无裂纹、划痕等，发现有问题时要立即禁用并及时更换。

4. 试验及标准

（1）试验标准。在 1kV 及以上场所使用的绝缘垫，其试验电压不低于 15kV。试验电压依其厚度的增加而增加，见表 4-9。使用在 1kV 以下者，其试验电压为 5kV，试验时间都为 2min。

表 4 - 9　　　　　　　　　　绝缘垫的试验标准

| 绝缘垫厚度（mm） | 试验电压（kV） | 时间（min） |
|---|---|---|
| 4 | 15 | 2 |
| 6 | 20 | 2 |
| 8 | 25 | 2 |
| 10 | 30 | 2 |
| 12 | 35 | 2 |

（2）试验接线及方法。绝缘垫试验接线如图 4 - 16 所示。试验时使用两块平面电极板，电极距离可以调整，以调到与试验品能接触时为止。把一整块绝缘垫划分成若干等份，试完一块再试相邻的一块，直到所划等份全部试完为止。试验时先将要试的绝缘垫上下铺上湿布，布的大小与极板的大小相同，然后在湿布上下面铺好极板，中间不应有空隙，然后加压试验。极板的宽度应比绝缘垫宽度小 10～15cm。

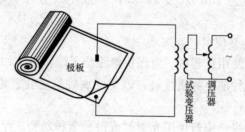

图 4 - 16　绝缘垫试验接线

## 四、绝缘台

### 1. 作用

绝缘台是一种用在任何电压等级的电力装置中带电工作时的辅助安全用具，其作用与绝缘垫、靴相同（见图 4 - 17）。

### 2. 制作及规格

绝缘台的台面用干燥、木纹直且无节、疤的木板或木条拼成，相邻板条留有一定的缝隙，以便于检查绝缘支持瓷瓶是否有

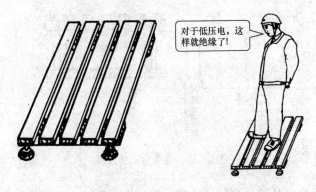

对于低压电，这样就绝缘了!

图 4-17　绝缘台

损坏。台面板四脚用绝缘支持瓷瓶与地面绝缘并作台脚之用。

　　绝缘台最小尺寸不宜小于 0.8m×0.8m，最大尺寸不宜超过 1.5m×1.0m，以便于检查。台面板条间距不宜大于 2.5cm，以免鞋跟陷入。绝缘瓷瓶高度不得小于 10cm，台面板边缘不得伸出绝缘子以外，以免绝缘台倾翻，使作业人员摔倒。为增加绝缘台的绝缘性能，台面木板（木条）应涂绝缘漆。

　　3. 使用及保管注意事项

　　(1) 绝缘台多用于变电所和配电室内。如用于户外，应将其置于坚硬的地面，不应放在松软的地面或泥草中，以避免台脚陷入泥土中造成站台面触及地面而降低绝缘性能。

　　(2) 绝缘台的台脚绝缘瓷瓶应无裂纹、破损，木质台面要保持干燥清洁。

　　(3) 绝缘台使用后应妥善保管，不得随意蹬、踩或作板凳坐用。

　　4. 试验及标准

　　绝缘台一般 3 年试验一次。

　　(1) 试验标准。绝缘台试验标准与使用电压等级无关，一律加交流电压 40kV，持续时间为 2min。

　　(2) 试验接线及方法。绝缘台试验接线如图 4-18 所示。

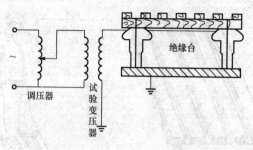

图 4 - 18　绝缘台试验接线

　　绝缘台是整体进行试验的。把绝缘台瓷瓶上下部分接在试验变压器的二次（高压）侧，电压加在上下部分之间；缓慢调电压，直至升到试验电压为止，持续 2min。在试验过程中若发现有跳火花情况，或试验后除去电压用手摸瓷瓶有发热现象时，则为不合格。

　　绝缘手套绝缘靴，电气作业不能缺，

　　　　　　　　绝缘台垫要铺好，电气作业不能少。

　　　　　　　　用前检查无破损，保持干燥无裂痕，

　　　　　　　　安全工作全靠它，工作佩戴不能忘。

# 第四节　防护安全用具

　　为了保证电力工作人员在生产中的安全和健康，除在作业中使用基本安全用具和辅助安全用具以外，还应使用必要的防护安全用具，如安全带、安全帽、防护眼镜等如图 4 - 19 所示。这些防护用具的作用是其他安全用具所不能替代的。

## 一、安全带

1. 安全带的作用

安全带是高处作业人员预防坠落伤亡的防护用品，广泛用于发电、供电、火（水）电建设和电力机械修造部门。在发电厂进行检修时，或在架空线路杆塔上和变电所户外构架上进行安装、检修、施工时，为防止作业人员从高处摔跌，必须使用安全带予以防护，否则就可能出事故。安全带的使用如图 4 - 20 所示。

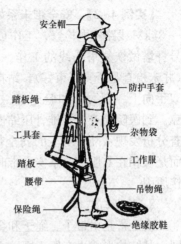

【实例 4 - 2】 6m 坠落险身亡，只因未系安全带。某供电公司线路检修班在 10kV 跨越×市海滨线的作业中，作业班长令一作业人员登杆合闸送电。该作业人员没有找到安全带便爬上杆子约 6m 处，用绝缘棒合好两相隔

图 4 - 19 防护安全用具

离开关，正待侧身合第三相隔离开关时，不慎失足摔跌到水泥地面上，造成头部颅底骨折，险些丧命。

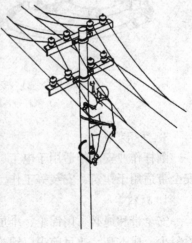

图 4 - 20 安全带的使用

【**实例4-3**】　安全带未系好，造成脊椎骨骨折。某供电公司一 35kV 线路停电检修，工作负责人孙×与工人陆×等三人在 76 号杆塔做恢复塔头线的工作。到达现场后，陆×等束好安全带（并未检查是否真正束好），站在下横担处转身准备验电时，突然双手向上一抓，人和验电笔一起从 9.8m 处坠落下去，造成休克。到医院检查，脊椎骨压缩性骨折，双下肢失去知觉。事后调查分析发现：陆×身上的安全带围绳弹簧搭扣已不在左边环内，而是误扣在衣服上。系安全带时未检查是否扣好是这次事故的直接原因。

2. 类型与结构

安全带是由带子、绳子和金属配件组成的。根据作业性质不同，其结构形式也有所不同，主要有围杆作业安全带、悬挂作业安全带两种，见图 4-21。它们的结构分别如图 4-22、图 4-23 所示。

(a)　　　　　　(b)

图 4-21　安全带类型
(a) 围杆带；(b) 悬挂带

3. 适用范围

围杆作业安全带适用于电工、电信工等杆上作业；悬挂作业安全带适用于建筑、安装等工作。

4. 材料

安全带和绳必须用锦纶、维尼纶、蚕丝等材料制作。因蚕丝原料少、成本高，故目前多以锦纶为主要材料。电工围杆带可用黄牛革制作，金属配件用普通碳素钢或铝合金钢制作。

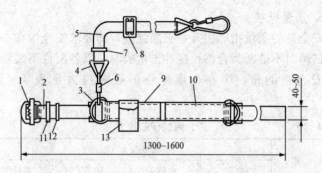

图 4 - 22　DW1Y 电工围杆单腰带

1—腰带卡子；2—腰带；3—半圆环；4—三角环；5—围杆带；6—挂钩；

7、11、12—箍；8—三道联；9—护腰带；10—缝线；13—袋

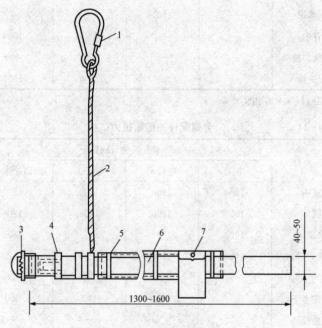

图 4 - 23　J1XYI 型悬挂单腰带

1—大挂钩；2—安全绳；3—腰带卡子；4—箍；5—护腰带；6—腰带；7—袋

5. 质量标准

安全带的质量指标主要是破断强度，即要求安全带在一定静拉力试验时不破断为合格；在冲击试验时，以各配件不破断为合格。安全带的带、绳和金属配件的破断拉力见表 4 - 10 和表 4 - 11。

表 4 - 10　　　　　　带、绳的破断拉力

| 名　　称 | 破断拉力（kgf①） | | | |
| --- | --- | --- | --- | --- |
| | 电工 | 电信工 | 架子工 | 高处作业 |
| 挂钩 | 1200 | 1200 | — | 1200 |
| 腰带 | — | — | 1500 | — |
| 围杆带和绳 | 1200 | 1200 | — | — |
| 围腰带 | — | 1500 | — | — |
| 背带 | — | — | 700 | 1000 |
| 吊、胸、腿带 | — | — | — | 700 |
| 安全绳 | — | — | 1500 | 1500 |

① 1kgf=9.806 65N。

表 4 - 11　　　　　　金属配件的破断拉力

| 名　　称 | 破断拉力（kgf①） | | | |
| --- | --- | --- | --- | --- |
| | 电工 | 电信工 | 架子工 | 高处作业 |
| 挂钩 | 1200 | 1200 | 1200 | 1200 |
| 圆环 | 1200 | 1200 | 1200 | 1200 |
| 半圆坏 | 1200 | — | — | 1200 |
| 活梁卡子 59×38 | 1120 | 1120 | 1120 | 1120 |
| 活梁卡子 39×30 | — | — | — | 600 |
| 固定卡子 | — | — | 600 | 600 |
| 三角挂环 | 1120 | — | — | — |
| 调节挂环 | — | 1120 | — | — |

① 1kgf=9.806 65N。

6. 使用和保管注意事项

（1）安全带使用前，必须作一次外观检查，如发现破损、变质及金属配件有断裂者，应禁止使用。平时不用时，也应一个月作一次外观检查。

（2）安全带应高挂低用或水平拴挂。高挂低用就是将安全带的绳挂在高处，人在下面工作；水平拴挂就是使用单腰带时，将安全带系在腰部，绳的挂钩挂在和带同一水平的位置，人和挂钩保持约等于绳长的距离。切忌低挂高用，并应将活梁卡子系紧。

（3）安全带使用和存放时，应避免接触高温、明火和酸类物质，以及有锐角的坚硬物体和化学药物。

（4）安全带可放入低温水中，用肥皂轻轻擦洗，再用清水漂干净，然后晾干，不允许浸入热水中，以及在日光下曝晒或用火烤。

（5）安全带上的各种部件不得任意拆掉，更换新绳时要注意加绳套，带子使用期为 3～5 年，发现异常应提前报废。

7. 试验及标准

安全带的试验周期为半年，试验标准见表 4 - 12。

表 4 - 12　　　　　　　　安全带试验标准

| 名　称 | | 试验静拉力（N） | 试验周期 | 外表检查周期 | 试验时间（min） |
|---|---|---|---|---|---|
| 安全带 | 大皮带 | 2205 | 半年一次 | 每月一次 | 5 |
| | 小皮带 | 1470 | | | —— |

## 二、安全帽

（一）作用

安全帽是用来保护使用者头部或减缓外来物体冲击伤害的个人防护用品，广泛应用于电力系统生产、基建修造等工作场所，预防从高处坠落物体（器材、工具等）对人体头部的伤害。如在发电厂锅炉、汽（水）轮机以及变电构架、架空线路进行安装及检修时，为防止杆塔上工作人员与工具器材、构架相互碰撞而头部受伤，或杆塔、构架上工作人员失落的工具和器件击伤地面人员，无论高处的工作人员还是地面上的配合人员都应戴安全帽，见图4-24。

图4-24　安全帽

【实例4-4】　安全帽救了一条命。某供电公司送变电工区更换花河子电杆，杆上作业人员未将紧线钳扳手放好。中午在杆下休息时，扳手从杆上掉下，恰好落在正在杆下休息的××作业人员的头上。幸好该作业人员头戴安全帽，才避免了一场人身伤亡事故的发生，见图4-25。

【实例4-5】　某供电公司送电工区检修班对一条35kV线路的两基杆进行加高戴帽工作，当将杆帽吊至杆顶，杆上工作人员用撬杠将杆帽固定在杆尖的螺丝孔内，并用穿心螺丝进行加固时，不慎将固定在杆帽的撬杠顶掉。撬杠从16m的高空直落杆

图 4 - 25　安全帽保安全

下，正好砸到站在杆下接绳子的作业人员头上，撬杠将安全帽砸出一个大约长 19cm、宽 4cm 的大洞，帽沿也被砸掉一块，该作业人员也几乎被砸倒在地。若不是头上戴了安全帽，其后果是不堪设想的。

【实例 4 - 6】　某电厂龙门起重机检修工作正在进行，突然一阵大风将一块约 4kg 的风化水泥块从近 10m 高的卸煤沟棚房房檐下吹落，刚好砸在正在地面作业的检修工张××头上，当即将张××砸倒在地。幸亏张××戴了安全帽，否则后果不堪设想。

由上可见，安全帽虽小，作用却大，在关键时刻，一顶小小的安全帽起了重要作用。

（二）保护原理

安全帽对头颈部的保护基于两个原理：

（1）将冲击载荷传递分布在头盖骨的整个面积上，避免打击一点。

（2）头与帽顶空间位置构成一能量吸收系统，起到缓冲作用，因此可减轻或避免伤害。

（三）普通型安全帽

1. 结构

普通型安全帽主要由以下几部分构成：

（1）帽壳。安全帽的外壳包括帽舌、帽沿。帽舌是位于眼睛上部的帽壳伸出部分；帽沿是指帽壳周围伸出的部分。

（2）帽衬。帽壳内部部件的总称，由帽箍、顶衬、后箍等组成。帽箍为围绕头围部分的固定衬带；顶衬为与头顶部接触的衬带；后箍为箍紧于后枕骨部分的衬带。

（3）下颏带。为戴稳帽子而系在下颏上的带子。

（4）吸汗带。包裹在帽箍外面的吸汗材料。

（5）通气孔。使帽内空气流通而在帽壳两侧设置的小孔。

图4-26　普通型安全帽

帽壳和帽衬之间有2～5cm的空间，帽壳呈圆弧形，其式样如图4-26所示。帽衬可做成单层或双层，双层的帽衬更安全。安全帽的质量一般不超过400g。帽壳用玻璃钢、高密度低压聚乙烯（塑料）制作，颜色一般以浅色或醒目的白色和浅黄色为多。

2. 技术性能

（1）冲击吸收性能。试验前按要求处理安全帽。用5kg重的钢锥自1m高度落下，打击木质头模（代替人头）上的安全帽，进行冲击吸收试验，头模所受冲击力的最大值不超过4.9kN（500kgf）。

（2）耐穿透性能。用3kg重的钢锥自1m高处落下，进行耐穿透试验，钢锥不与头模接触为合格。

（3）电绝缘性能。用交流1.2kV试验1min，泄漏电流不应超过1.2mA。

此外，还有耐低温、耐燃烧、侧向刚性等性能要求。冲击吸收试验的目的是观察帽壳和帽衬受冲击力后的变形情况；穿透试验是用来测定帽壳强度，以了解各类尖物扎入帽内时是否对人体头部有伤害。

安全帽的使用期限视使用状况而定，若使用、保管良好，可使用 5 年以上。

（四）电报警安全帽

电报警安全帽是我国近几年研制的一种新型产品，DBM—Ⅲ—A/B 型就是其中的一种，如图 4 - 27 所示。

1. 作用

电力作业人员在有触电危险的环境中进行维修高、低压供电线路或检修、安装电气设备作业时，如接近带电设备至安全距离，安全帽会自动报警，从而起到提示作业人员，避免发生人身触电事故的作用。通过现场使用证实，此安全帽在报

图 4 - 27　DBM—Ⅲ—A/B 型
电报警安全帽

警距离内报警正确可靠，除具有普通安全帽的作用外，还具有非接触性检验高、低压线路是否断电和断线等功能。报警安全帽的开始报警距离见表 4 - 13。

表 4 - 13　　　　　电报警安全帽的开始报警距离

| 线电压（kV） | 开始报警距离 h（m） | |
| --- | --- | --- |
| | DBM—Ⅲ—A（$h\pm30\%$） | DBM—Ⅲ—B（$h\pm20\%$） |
| 6 | 1 | — |
| 10 | 1.3 | 0.9 |
| 35 | 3.4 | 1.7 |
| 110 | — | 3.0 |
| 220 | — | 4.2 |

2. 主要技术数据

（1）报警电流为 0.3~1.5mA。

（2）电源为 3V CR2032 锂电池，寿命 1 年以上。

（3）使用温度为－10～＋50℃。

（4）使用环境的相对湿度小于90％。

（5）380、220V电压开始报警距离小于0.2m。

3. 使用范围

DBM—Ⅲ—A型电报警安全帽供电力系统检修220V～35kV线路使用，也能检测各种用电器是否带电、漏电等。DBM—Ⅲ—B型电报警安全帽供电力系统工人检修高压供电线路用。

4. 使用方法

（1）每次使用电报警安全帽前，灵敏开关置于高或低挡，然后按一下安全帽的自检开关，若能发出音响信号，即可使用。

（2）头戴或手持电报警安全帽检修架空电力线路和用电设备时，在报警距离范围内，若能发出报警声音，表明带电，否则不带电。

（3）将DBM—Ⅲ—A型电报警帽接近电气设备机壳时，若发出报警信号，表明机壳带电或漏电。

5. 注意事项

（1）在接近高压报警距离范围时，必须再按一下帽内自检开关。若能发出自检声音，方可进入高压区域作业。

（2）当发现自检报警音调明显降低时，表明电池已快耗尽，应尽快更换电池。更换时应注意极性。

（3）安全帽应放置在室内干燥、通风并远离电源线0.5m不漏电的地方。

（4）当环境湿度大于90％时，报警距离准确度会受影响，使用时应多加注意。

**三、携带型接地线**

1. 作用

当对高压设备进行停电检修或进行其他工作时，接地线可防止设备突然来电和邻近高压带电设备产生感应电压对人体的危害，还可用于放尽断电设备的剩余电荷。

2. 组成

携带型接地线由以下两部分组成：

（1）专用夹头（线夹）。有连接接地线到接地装置的专用夹头 4、连接短路线到接地线部分的专用夹头 5 和短路线连接到母线的专用夹头 1，如图 4-28 所示。

（2）多股软铜线。其中相同的三根短的软铜线 2 是连接三根相线用的，它们的另一端短接在一起；一根长的软铜线 3 是连接接地装置端的。多股软铜线的截面积应符合短路电流的要求，即在短路电流通过时，铜线不会因产生高热而熔断，且应保持足够的机械强度，故该铜线截面积不得小于 $25mm^2$。铜线截面积的选择应视该接地线所处的电力系统而定。电力系统比较大的，短路容量也大，应选择截面积较大的短路铜线。

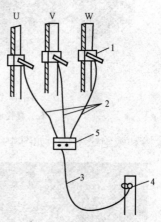

图 4-28 接地线的组成
1、4、5—专用夹头（线夹）；2—三相短路线；3—接地线

3. 装拆顺序

接地线装拆顺序的正确与否是很重要的。装设接地线必须先接接地端，后接导体端，且必须接触良好；拆接地线的顺序与此相反，见图 4-29。

4. 使用和保管注意事项

（1）使用时，接地线的连接器（线卡或线夹）装上后接触应良好，并有足够的夹持力，以防短路电流幅值较大时，由于接触不良而熔断或因电动力的作用而脱落。

（2）应检查接地铜线和三根短接铜线的连接是否牢固，一般应由螺钉拴紧后，再加焊锡焊牢，以防因接触不良而熔断。

（3）装设接地线必须由两人进行，装、拆接地线均应使用绝

(a)　　　　　　　　　　　　(b)

图 4-29　装拆接地线

(a) 接接地端；(b) 接导体端

缘棒和戴绝缘手套，如图 4-30 所示。

图 4-30　装设接地线必须两人进行

（4）接地线在每次装设以前应经过详细检查，损坏的接地线应及时修理或更换，禁止使用不符合规定的导线作接地线或短路线之用。

（5）接地线必须使用专用线夹固定在导线上，严禁用缠绕的方法进行接地或短路。

（6）每组接地线均应编号，并存放在固定的地点，存放位置也应编号。接地线号码与存放位置号码必须一致，以免在较复杂的系统中进行部分停电检修时，发生误拆或忘拆接地线而造成事故。

（7）接地线和工作设备之间不允许连接隔离开关或熔断器，以防其断开时，设备失去接地，导致检修人员发生触电事故。

**四、临时遮栏**

1. 作用

临时遮栏是用来防护工作人员意外碰触或过分接近带电体而造成人身触电事故的一种安全防护用具；也可作为工作位置与带电设备之间安全距离不够时的安全隔离装置。

2. 制作

临时遮栏可用干燥木材、橡胶或其他坚韧绝缘材料制作，不能用金属材料制作，高度至少应有 1.7m，应安置牢固，并悬挂"止步，高压危险！"的标志牌，如图 4-31 所示。

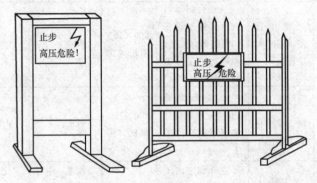

图 4-31 临时遮栏

对于 35kV 及以下设备的临时遮栏，如因工作特殊需要，可用绝缘挡板与带电部分直接接触，而且该挡板必须具有较高的绝缘性能。

**五、标示牌**

1. 作用

标示牌用来警告工作人员不得接近设备的带电部分，提醒工作人员在工作地点采取安全措施，以及表明禁止向某设备合闸送电（见图 4-32），

图 4-32 标示牌

指出为工作人员准备的工作地点等。

2. 分类

标示牌根据用途可分为警告类、允许类、指示类和禁止类四类共六种，每种标示牌的式样及悬挂处所见表4-14。标示牌的类型如图4-33所示。

表4-14　　　　　标示牌式样

| 序号 | 名称 | 悬挂处所 | 式样 | | |
| --- | --- | --- | --- | --- | --- |
| | | | 尺寸(mm×mm) | 颜色 | 字样 |
| 1 | 禁止合闸，有人工作! | 一经合闸即可送电到施工设备的断路器（开关）和隔离开关（刀闸）操作把手上 | 200×100和80×50 | 白底 | 红字 |
| 2 | 禁止合闸，线路有人工作! | 线路断路器（开关）和隔离开关（刀闸）把手上 | 200×100和80×50 | 红底 | 白字 |
| 3 | 在此工作! | 室外和室内工作地点或施工设备上 | 250×250 | 绿底，中有直径210mm白圆圈 | 黑字，写于白圆圈中 |
| 4 | 止步，高压危险! | 施工地点邻近带电设备的遮栏上；室外工作地点的围栏上；禁止通行的过道上；高压试验地点；室外构架上；工作地点邻近带电设备的横梁上 | 250×200 | 白底红边 | 黑字，有红色闪电符号 |
| 5 | 从此上下! | 工作人员上下用的铁架、梯子上 | 250×250 | 绿底，中有直径210mm白圆圈 | 黑字，写于白圆圈中 |

续表

| 序号 | 名称 | 悬挂处所 | 式样 | | |
| --- | --- | --- | --- | --- | --- |
| | | | 尺寸(mm ×mm) | 颜色 | 字样 |
| 6 | 禁止攀登，高压危险！ | 工作人员上下的铁架邻近可能上下的另外铁架上，运行中变压器的梯子上 | 250×200 | 白底红字 | 黑字 |

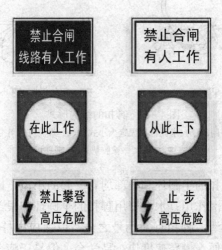

图4-33 标示牌类型

3. 制作及悬挂

标示牌可用木材或绝缘材料制作，不得用金属板制作。标示牌的悬挂和拆除应按安全工作规程进行，标示牌的悬挂位置和数目也应根据具体情况和安全工作的要求来确定。现场有时根据需要也可制作一些非标准化的标示牌（即上述六种以外的），其字样或式样可因地制宜，以能达到安全和悬挂醒目为原则。

**六、脚扣**

脚扣是攀登电杆的主要工具。

1. 结构形式

脚扣是用钢或合金铝材料制作的近似半圆形、带皮带扣环和脚登板的轻便登杆用具，有木杆用和水泥杆用两种形式，如图4-34所示。

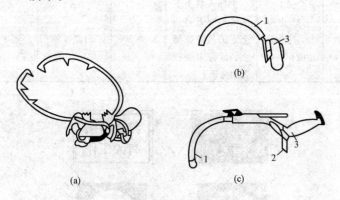

图4-34 脚扣的结构形式

(a) 木杆用；(b) 水泥杆用固定大小式；(c) 水泥杆用可变大小式

1—橡胶套；2—橡胶垫；3—脚登板

木杆用脚扣的半圆环和根部均有突起的小齿，以便登杆时刺入杆中，起防滑作用；水泥杆用脚扣的半圆环和根部装有橡胶套或橡胶垫来防滑。脚扣有大小号之分，以适应电杆的粗细不同。脚扣使用较方便，攀登速度快，易学会，但易于疲劳，适于短时间作业。

2. 使用及保管注意事项

脚扣虽是攀登电杆的安全保护用具，但应经过较长时间的练习且熟练掌握后，才能起到保护作用。若使用不当，也会发生人身伤亡事故。

【实例4-7】 某供电公司在遵蓟段366～352号杆紧线完毕后，恢复356号杆附近10kV线路的送电工作，某徒工负责登杆接线工作（8m杆）。该徒工登至4m左右，手抓拉线，想上横担，当抬左脚时，两脚相碰，使左脚扣掉下，他心中发慌，手抓拉线更抓不紧，于是顺拉线滑下，右脚用力过大，将脚扣皮带别断，导致头部及左肩朝下摔在地上。经医院诊断，头部内淤血，属重伤。

使用脚扣应注意以下几点：

（1）脚扣在使用前应作外观检查，看各部分是否有裂纹、腐蚀、断裂现象。若有，应禁止使用。在不用时，应每月进行一次外表检查。

（2）登杆前，应对脚扣作人体冲击试登以检验其强度。方法是，将脚扣系于钢筋混凝土杆上离地 0.5m 左右处，借人体重量猛力向下蹬踩，脚扣（包括脚套）无变形及任何损坏方可使用。

（3）应按电杆的规格选择脚扣，且不得用绳子或电线代替脚扣系脚皮带。

（4）脚扣不能随意从杆上向下摔扔，作业前后应轻拿轻放，并妥善保管，存放在工具柜内，放置整齐，不得随地乱放。

3. 试验及标准

脚扣应半年试验一次，试验标准见表 4 - 15。

表 4 - 15　　　　　　脚 扣 试 验 标 准

| 名称 | 试验静拉力（N） | 试验周期 | 外表检查周期 | 试验时间（min） |
|------|------|------|------|------|
| 脚扣 | 980 | 半年一次 | 每月一次 | 5 |

### 七、升降板

升降板也称踏板、登高板、踩板等，是一种常用的攀登电杆的用具。

1. 组成与式样

升降板由踏脚板和吊绳组成，踏脚板采用质地坚韧的木板制成，上面刻有防滑纹路，规格有 630mm × 75mm × 25mm 或 640mm×80mm×25mm，如图 4 - 35（a）所示。吊绳采用 $\frac{3}{4}$ in

（英寸）白棕绳或$\frac{1}{2}$in锦纶绳，呈三角形状，底端两头固定在踏脚板上，顶端上固定有金属挂钩，绳长应适应使用者的身材，一般保持一人一手长，如图4-35（b）所示。

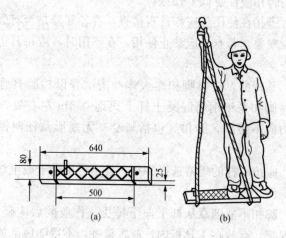

图4-35 升降板
（a）规格及式样；（b）绳长

2. 使用及保管注意事项

升降板虽在登高作业时较灵活又舒适，但必须熟练掌握操作技术，对新进员工更应如此，否则也会出现伤人事故。

【实例4-8】 某供电公司工作人员，使用升降板爬18m水泥杆，在爬到10.5m高时，因动作不熟练，在脱不出下面登高抓钩子的情况下，体力支持不住，人从高空摔下，造成腰椎骨两节压缩性骨折。

在使用升降板时应注意以下几点：

（1）在登杆使用前也应作外观检查，看各部分是否有裂纹、腐蚀、断裂现象。若有，应禁止使用。

（2）登杆前应对升降板作人体冲击试登，以检验其强度。检验方法是，将升降板系于钢筋混凝土杆上离地0.5m左右处，人站在踏脚板上，双手抱杆，双脚腾空猛力向下蹬踩冲击，绳索应不发生断股，踏脚板不应折裂，升降板方可使用。

（3）使用升降板时，要保持人体平稳不摇晃，其站立姿势如图 4 - 36 所示。

（4）升降板使用后不能随意从杆上向下摔扔，

图 4 - 36　站立姿势

用后应妥善保管，存放在工具柜内，并放置整齐。

3. 试验及标准

升降板应每半年试验一次，主要进行力学性能试验，试验标准见表 4 - 16。

表 4 - 16　　　　　　　　力学性能试验标准

| 名称 | 试验静拉力（N） | 试验周期 | 外表检查周期 | 试验时间（min） |
| --- | --- | --- | --- | --- |
| 升降板 | 2205 | 半年一次 | 每月一次 | 5 |

## 八、梯子

梯子也是登高作业常用的用具之一。

1. 制作

梯子可用木料、竹料及合金铝制作，强度应能承受作业人员携带工具时的总重量。梯子有直（靠）梯和人字梯两种：前者通常用于户外登高作业；后者通常用于户内登高作业。直梯的两脚应各绑扎胶皮之类防滑材料；人字梯应在中间绑扎两道防自动滑开的防滑拉绳。两种梯子的式样如图 4 - 37（a）、（b）所示；作业人员在梯子上的站立姿势如图 4 - 37（c）所示。

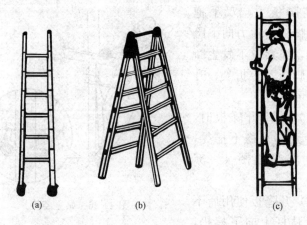

图 4 - 37  梯子

（a）直（靠）梯；（b）人字梯；（c）靠梯上站立姿势

2. 登梯作业注意事项

（1）为了避免直梯翻倒，其梯脚与墙之间的距离不得小于梯长的 1/4；为了避免滑落，其间距离不得大于梯长的 1/2，如图 4 - 38 所示。

图 4 - 38  梯子的正确摆放

（2）在光滑坚硬的地面上使用梯子时，梯脚应加胶套或胶垫；在泥土地面上使用梯子时，梯脚最好加铁尖。

（3）在梯子上作业时，梯顶一般不应低于作业人员的腰部，或作业人员应站在距梯顶不小于 1m 的横档上作业。切忌站在梯子的最高处或上面一、二级横档上作业，以防朝后仰面摔下。

（4）登在人字梯上操作时，切不可采取骑马式站立，以防人字梯两脚自动滑开时造成事故。

四种常见的错误用梯方法如图 4-39 所示。

(a)    (b)

(c)    (d)

图 4-39　错误的用梯方法

（a）梯子垫高；（b）摆放角度小；（c）登梯太高，姿势不对；

（d）人字梯无安全绳

3. 试验及标准

梯子应每半年试验一次，其标准见表4-17。此外，每个月要对外表进行检查，看是否有断裂、腐蚀现象。

表4-17　　　　　　　梯子试验标准

| 名称 | 试验静拉力（N） | 试验周期 | 外表检查周期 | 试验时间（min） |
|------|------|------|------|------|
| 竹（木）梯 | 试验荷重1765（180kgf） | 半年一次 | 每月一次 | 5 |

### 九、安全绳

安全绳是高处作业时必须具备的人身安全保护用品，通常与护腰式安全带配合使用。

1. 材料和规格

安全绳是用锦纶丝捻制而成的，具有重量轻、柔性好、强度高等优点，目前广泛应用于送电线路等高处作业中。目前常用的安全绳有2、3、5m三种。

2. 使用及保管注意事项

（1）每次使用前必须进行外观检查。凡连接铁件有裂纹或变形锁扣失灵、锦纶绳断股者，都不得使用。

（2）使用的安全绳必须按规程进行定期静荷重试验，并做好合格标志。

（3）安全绳应高挂低用。如果高处无绑扎点，可挂在等高处，不得低挂高用（即安全绳的绑扎点低于作业点）。

（4）绑扎安全绳的有效长度，应根据工作性质而定，一般为3~4m。在2.0m处的高处作业，绑扎安全绳的有效长度应小于对地高度，以起到保护人身作用。在500kV线路上作业，因绝缘子串很长，可将安全绳接长使用。

（5）安全绳用完应放置好，切忌接触高温、明火和酸类物质，以及有锐角的坚硬物等。

安全绳的正确使用和错误使用如图 4 - 40 所示。

(a)　　　　　　　　　　　　(b)

图 4 - 40　安全绳的使用

(a) 正确使用；(b) 错误使用

3. 试验及标准

安全绳的试验周期为半年，试验标准见表 4 - 18。

表 4 - 18　　　　　　　　安全绳的试验标准

| 名称 | 试验静拉力（N） | 试验周期 | 外表检查周期 | 试验时间（min） |
| --- | --- | --- | --- | --- |
| 安全绳 | 2205 | 半年一次 | 每月一次 | 5 |

**十、安全网**

安全网是为防止高处作业人员坠落和高处落物伤人而设置的保护用具，如送电线路施工中分解组塔时必须使用安全网。

1. 材料及规格

安全网是用直径 3mm 的锦纶绳编织而成的，形状如同渔网，其规格有 4m×2m、6m×3m、8m×4m 三种，中间有网杠绳，当人员坠入网内时能被兜住。

2. 使用

（1）每次使用前应检查网绳是否完整无损。受力网绳是直径为 8mm 的锦纶绳，不得用其他绳索代替。

（2）分解立塔时，当塔身下段已组好，即可将安全网设置在塔身内部有水平铁的位置上，距地面或塔身内断面铁的距离不小于 3m，四角用直径 10mm 的锦纶绳牢固地绑扎在主铁和水平铁上，并拉紧，一般应按塔身断面大小设置。如果安全网不够大，也可接起来使用。正确和错误的安装方法如图 4-41 所示。

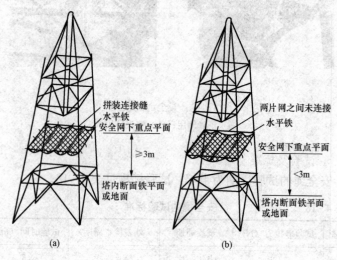

图 4-41　安全网的安装方法
（a）正确的安装方法；（b）错误的安装方法

口诀

安全帽是保护伞，安全带是生命神，
安全绳是生命线，安全网是生命网。
天塌下来有"帽"顶，登高失足"带"牵引，
大"网"能兜千斤物，不为网鱼为救生。

## 第五节 安全色、安全标志、语言警告牌

### 一、安全色

1. 规定目的

GB 2893—1982《劳动安全卫生国家标准资料汇编》规定了传递安全信息的颜色，目的是使人们能够迅速发现或分辨安全标志和提醒人们注意，以防发生事故。安全色的应用必须是以表示安全为目的的，这和诸如气瓶、母线、管道等涂以各种不同颜色是完全不同的。

2. 定义

安全色是表达安全信息含义的颜色，如表示禁止、警告、指令、提示等。安全色规定为红、蓝、黄、绿四种颜色，其含义和用途见表4-19。

表4-19　　　　　　　　安全色的含义和用途

| 颜色 | 含　义 | 用途举例 |
|------|--------|----------|
| 红色 | 禁止<br>停止 | 禁止标志，停止标志，机器、车辆上的紧急停止手柄或按钮，以及禁止人们触动的部位 |
| | 红色也表示防火 | |
| 蓝色 | 指令<br>必须遵守的规定 | 指令标志：如必须佩戴个人防护用具，道路上指引车辆和行人行驶方向的指令 |
| 黄色 | 警告注意 | 警告标志、警戒标志、围的警戒线、行车道中线、安全帽 |
| 绿色 | 提示<br>安全状态<br>通行 | 提示标志、车间内的安全通道、行人和车辆通行标志、消防设备和其他安全防护设备的位置 |

3. 安全色的特点

安全色属于彩色类颜色。

（1）红色。注目性非常高，视认性也很好，常用于紧急停止和禁止等信号。

（2）黄色。对人眼能产生比红色还高的明亮度，黄色和黑色组成的条纹是视认性最高的色彩，特别能引起人的注意，所以用作警告色。

（3）蓝色。蓝色在太阳光直射下颜色较明显，工厂用蓝色作指令标志的颜色。

（4）绿色。在人的心理上能使人联想到大自然的一片翠绿，由此产生舒适、恬静、安全感，所以用作提示安全的信息。

红色和白色、黄色和黑色间隔条纹，是两种较醒目的标示，其含义和用途见表 4 - 20。

表 4 - 20　　　　　　　间隔条纹标示的含义及用途

| 颜　　　色 | 含义 | 用途举例 |
|---|---|---|
| 红色与白色<br><br>红色　白色 | 禁止越过 | 道路上用的防护栏杆 |
| 黄色与黑色<br><br>黑色　黄色 | 警告危险 | 1）铁路和道路交叉道口上的防护栏杆；<br>2）工矿企业内部的防护栏杆 |

4. 安全色的用途

用于安全标志牌、交通标志牌、防护栏杆、机器上不准乱动的部位、紧急停止按钮、安全帽、起重机、升降机、行车道中线等。

**二、安全标志**

1. 定义

安全标志是由安全色、几何图形和图形符号构成的，用以表达特定的安全信息。

2. 类别

安全标志分为禁止标志、警告标志、指令标志、提示标志四类。

（1）禁止标志。几何图形是带斜杠的圆环，见图 4-42。

图 4-42　禁止标志

（2）警告标志。几何图形是正三色形，见图 4-43。

图 4-43　警告标志

（3）指令标志。其含义是必须要遵守的意思，几何图形是圆形，见图 4-44。

图 4 - 44　指令标志

（4）提示标志。含义是示意目标的方向，几何图形是长方形。按长短边的比例不同，分为一般提示标志和消防设备提示标志，见图 4 - 45。

图 4 - 45　提示标志

3. 安全标志牌的制作

应按上述图案用金属板、塑料板、木板等材料制作，也可直接画在墙壁或机具上。有触电危险场所的标志牌，应当使用绝缘材料制作。

4. 设置位置

安全标志牌应设在醒目、与安全有关的地点，应能使人们看到后有足够的时间来注意它所表示的内容，不能设在门、窗、架等可移动的物体上，以免这些物体位置移动后人们看不见安全标志。

5. 检查与维修

安全标志牌每年至少检查一次。如发现有变形、破损或图形符号脱落以及变色后颜色不符合安全色的范围，则应及时修整或更换。

### 三、语言警告牌

随着科学技术的发展，科技人员研制开发了语言警告牌。当工作人员误入安全距离时，警告牌会发声提示，提醒工作人员注意，防止发生事故。语言警告牌中采用红外线器件做探头，探头可遥测人体信号，此信号经一系列变换、温度补偿、延时和功率放大处理后，警告牌可发出语言声音。当工作人员进入遥测距离（可根据现场实际情况规定遥测距离）后，警告牌就发出语言，语言内容同警告牌文字内容一样，如"止步，高压危险！"等，提醒工作人员注意，防止人身事故的发生。这种语言警告牌前景广阔，很有发展前途。

口诀

安全色

红黄蓝绿四种颜色，安全信息含义深刻，

迅速发现分辨提醒，防止发生安全事故。

红色代表停止禁止，黄色警告引起注意，

蓝色指令必须遵守，绿色通行安全可靠。

安全标志

安全标志有四种，含义牢记不能错，

禁止图解加斜杠，警告标志三角形，
指令标志是圆形，提示标志长方形，
醒目悬挂现场设，警醒人们讲安全。

# 第五章

# 电气设备倒闸操作票

## 第一节　变电站倒闸操作票填写与使用

### 一、变电站倒闸操作票的填写

（一）操作任务的填写要求

1. 操作票中对操作任务的要求

操作任务应根据调度指令的内容和专用术语进行填写，操作任务应填写设备双重名称。每张操作票只能填写一个操作任务。一个连续操作任务不得拆分成若干单项任务而进行单项操作。

2. 操作任务的填写类别

包括线路、断路器、变压器、母线、电压互感器（TV）、电容器、继电保护及自动装置、接地线、接地开关等操作任务的填写。

（二）操作项目的填写要求

1. 应填入操作票的操作项目栏中的项目

按标准及相应的要求填写的项目。

2. 可以不用操作票的工作

下列情况下，可以不填写操作票进行倒闸操作，但必须记录在操作记录簿内，由值班负责人明确指定监护人，操作人按照操作记录簿内记录的内容进行操作：

（1）事故处理中遇到的操作，通常有试送、强送、限电、拉闸限电和开放负荷等。

（2）拉开（合上）断路器、二次空气开关、二次回路开关的单一操作，包括根据调度命令进行的限电和限电后的送电，以及寻找线路接地故障的操作。

（3）拆除全站仅有的一组使用的接地线。

（4）拉开全站仅有一组已合上的接地开关。

（5）投入或停用一套保护或自动装置的一块连接片。

3. 操作项目的填写类别

包括断路器、隔离开关、变压器、母线、电压互感器、电容器、继电保护、自动装置、接地线（接地开关）等。

4. 操作项目的操作术语填写

（1）操作断路器、隔离开关、接地开关、中性点接地开关、跌落式熔断器、开关、刀开关用"拉开"、"合上"。断路器车用"拉出"、"拉至"、"推入"、"推至"。

（2）检查断路器、隔离开关、接地开关、中性点接地开关、跌落式熔断器、开关、刀开关原始状态位置，用"断路器、隔离开关、接地开关、中性点接地开关、跌落式熔断器、开关、刀开关确已拉开（合好）"。检查断路器车状态位置，用"确已推至××位置"、"确已拉至××位置"。三相操作的设备应检查"三相确已拉开、三相确已合好"，单相操作的设备应分相检查"确已拉开、确已合好"。

（3）验电用"确无电压"。

（4）装、拆接地线用"装设"、"拆除"。

（5）检查负荷分配用"指示正确"。

（6）装上、取下一、二次熔断器及断路器车二次插头用"装上"、"取下"。

（7）启、停保护装置及自动装置用"投入"、"停用"。

（8）切换二次回路开关用"切至"。

（9）操作设备名称，包括变压器、变压器有载调压开关、站用变压器、站用变压器车、电容器、电抗器、避雷器、组合电器（或 GIS）、断路器、断路器车、隔离开关、隔离开关车、电压互感器（或 TV）、电容式电压互感器（或 CVT）、熔断器、母线、接地开关、接地线等。

（三）操作票备注栏的填写要求

下列项目应填入操作票备注栏中：

1. 断路器的操作

（1）无防止误拉、误合断路器的措施。

（2）防止双电源线路误并列、误解列的提示等。

2. 隔离开关的操作

（1）隔离开关闭锁装置达不到防误闭锁功能的。

（2）电动隔离开关的操作。操作前，先合上电动操作电源刀开关，电动隔离开关操作完毕后应立即拉开电动操作电源刀开关。

3. 验电及装设接地线

（1）室外电气设备装设接地线时，要注意防止接地线误碰带电设备。

（2）断路器柜内装设接地线时，要注意防止接地线误碰带电设备。

（3）防止误入带电间隔。

4. 继电保护、自动装置及二次部分操作

（1）微机保护及微机自动装置。带微机保护的一次设备停电时，拉开一次设备的控制电源开关前，应先将微机保护或微机自动装置的电源开关断开；一次设备送电时的操作程序相反。

（2）测量断路器跳闸连接片电压。一次设备在运行中，保护发生异常停电及检修后，重新投入跳闸连接片前要用高内阻电压表测量连接片输入端对地有无电压。

（3）凡在操作中有可能导致继电保护和自动装置误动作的行为，都应在备注栏中注明。

（四）变电站倒闸操作票其他栏目的填写要求

1. 操作票的编号

由供电公司统一编号，使用单位应按编号顺序依次使用，对于变电站倒闸操作票的编号不能随意改动。

2. 发令与受令

（1）值班调度员向运行值班负责人发布正式的操作指令后，

由运行值班负责人将发令人和受令人的姓名填入变电站倒闸操作票"发令人"栏和"受令人"栏中。

（2）由运行值班负责人将发令人发布正式操作指令的时间填入"发令时间"栏内。

3. 操作时间的填写

（1）操作开始时间：执行倒闸操作项目第一项的时间。

（2）操作结束时间：完成倒闸操作项目最后一项的时间。

4. 倒闸操作的分类

（1）监护下操作栏：对于由两人进行同一项的操作，在此栏内打"√"。监护操作时，由对设备较为熟悉者作监护。

（2）单人操作栏：由一人完成的操作，在此栏内打"√"。

（3）检修人员操作栏：由检修人员完成的操作，在此栏内打"√"。

5. 操作票签名

（1）操作人和监护人经模拟操作确认操作票无误后，由操作人、监护人分别在操作票上签名。

（2）操作人、监护人分别签名后交运行值班负责人审查，无误后由运行值班负责人在操作票上签名。

6. 操作票操作项目

（1）监护人在操作人完成此项操作并确认无误后，在该项操作项目前打"√"。

（2）对于检查项目，监护人唱票后，操作人应认真检查，确认无误后再高声复诵，监护人同时应进行检查，确认无误并听到操作人复诵后，在该项目前打"√"。

7. 操作票终止号

（1）按照倒闸操作顺序依次填写完倒闸操作票后，在最后一项操作内容的下一个空格中间位置记上终止号。

（2）如果最后一项操作内容下面没有空格，终止号可记在最后一项操作内容的末尾处。

8. 操作票盖章

（1）操作票项目全部结束，由操作人在已执行操作票的终止号上盖"已执行章"。

（2）合格的操作票全部未执行，由操作人在操作任务栏中盖"未执行"章，并在备注栏中注明原因。

（3）若监护人、操作人操作中途发现问题，应及时告知运行值班负责人，运行值班负责人汇报值班调度员后停止操作。该操作票不得继续使用，并在已操作完项目的最后一项盖"已执行"章，在备注栏注明"本操作票有错误，自××项起不执行"。

（4）填写错误以及审核发现有错误的操作票时，由操作人在操作任务栏中盖"作废"章。

（五）变电站倒闸操作票填写注意事项

填写前操作人员应根据调度命令明确操作任务，了解现场工作内容和要求，并充分考虑此项操作对其管辖范围内的设备的运行方式、继电保护、自动装置、通信及调度自动化的影响是否满足相关要求。倒闸操作票填写要字迹整洁、清楚，不得任意涂改。

**二、变电站倒闸操作票的使用**

（一）变电站倒闸操作票的使用范围

1. 应填入变电站倒闸操作票中的工作内容

拉开、合上的断路器、隔离开关、跌落式熔断器、接地开关、中性点接地开关等；拉开、合上断路器、隔离开关、跌落式熔断器、接地开关、中性点接地开关后检查设备的位置；拉开、合上的空气开关；装设接地线前，在停电设备上检验是否确无电压；装设、拆除接地线及编号；切换保护二次回路，投入或停用自动装置等。

2. 可不填入变电站倒闸操作票中的工作内容

（1）事故处理。

（2）拉开、合上断路器的单一操作。

（二）变电站倒闸操作票的执行步骤

1. 发布及接受操作指令票

调度值班员发布操作指令票时，应使用规定的操作术语和设备双重名称，同时应说明操作目的和注意事项。值班负责人接受操作指令票时，应明确操作任务、范围、时间、安全措施及被操作设备的状态，值班负责人应将接受的操作指令票记入值班记录簿中，并向发布人复诵。

2. 操作票的填写

操作人应根据值班负责人交代的操作任务和值班记录簿中的记录，明确操作任务的具体内容及执行本次操作的目的，操作设备的对象、操作范围及操作要求，核对模拟系统图板或接线图，核对变电站典型倒闸操作票，逐项填写操作票或微机打印操作票。

3. 操作票的审核

操作人填写完毕操作票应进行审查，无误后送交监护人。监护人根据操作人填写的操作票与模拟系统或接线图进行对照审核，认为填写有错误应及时退交操作人，操作人在操作票操作任务上盖"作废"章。

4. 模拟操作

监护人和操作人在进行实际倒闸操作前应进行模拟操作，监护人和操作人在符合现场一次设备和实际运行方式的模拟图板上由监护人根据操作票中所列的操作项目，逐项发布操作口令，操作人听到口令后复诵，再由监护人下达执行令，操作人听到执行令后更改模拟系统图板，通过模拟操作再次对操作票的正确性进行核对。

5. 操作票的签名

操作人和监护人经模拟操作确认操作票无误后，由操作人、监护人分别在操作票上签名，签名后交值班负责人审查并签名。

6. 发布及接受操作指令

发布指令的全过程和听取指令的报告时，双方都要录音并作好记录。在接受操作指令时，发令人应清楚操作任务及注意事项。接令后，受令人应按记录的全部内容全文复诵操作指令，并得到调度值班员"对、执行"的指令后执行。运行值班负责人根据操作指令向操作人、监护人发布正式操作命令，操作人、监护人在了解操作目的和操作顺序，且对指令无疑问后，运行值班负责人将操作票发给操作人和监护人，同时命令操作人和监护人开始操作。

7. 实际倒闸操作

监护人按照操作票的顺序逐项高声唱票，操作人高声复诵。监护人在操作人完成操作并确认无误后，在该操作项目前打"√"。

8. 操作结束

完成全部操作项目后，操作人在已执行操作票的终止号上盖"已执行"章。

（三）变电站倒闸操作票中对操作设备的要求

1. 对电力线路的操作要求

电力线路停电的操作顺序是先拉开断路器，检查断路器确已拉开，再拉开负荷侧隔离开关，最后拉开电源侧隔离开关。电力线路送电的操作顺序是检查断路器确已拉开，先合上电源侧隔离开关，再合上负荷侧隔离开关，最后合上断路器。

2. 对变压器的操作要求

变压器的停电顺序是先拉开低压侧断路器，再拉开中压侧断路器，最后拉开高压侧断路器，检查变压器各侧断路器确已拉开后，再按照低、中、高的顺序拉开各侧隔离开关。变压器送电顺序是检查断路器拉开后，按照高、中、低的顺序合上各侧隔离开关。

3. 对断路器的操作要求

对于 $SF_6$ 断路器，在室外进行倒闸操作前，要将室内排气装置开启，通风 15min，并用检漏仪测量 $SF_6$ 含量不超标后，方可

155

进行操作。

4. 对隔离开关的操作要求

（1）装有防误闭锁装置的隔离开关，应确保防误闭锁装置完好。

（2）电压互感器停电操作时，先拉开电压互感器二次空气开关，取下电压互感器二次熔断器，再拉开电压互感器一次隔离开关。

5. 对母线的操作要求

（1）对于双母线接线方式，当两组母线并列运行时，在将一组母线的运行设备全部调至另一组母线前，应检查两条母线的联络断路器在合闸位置，然后取下母联断路器的控制熔断器，再操作母线隔离开关。

（2）对于双母线接线方式，当一组母线停电时，应采取措施防止经另一组带电母线电压互感器二次侧向停电的母线反送电。

（四）变电站倒闸操作票中对电气设备防误闭锁装置的要求

1. 对微机防误闭锁装置的要求

断路器充电保护合闸回路中应加装微机锁头。

2. 对电气防误闭锁装置的要求

防误闭锁装置所用的直流电源应与继电保护二次回路、控制回路、信号回路的电源分开，使用的交流电源应是不间断供电系统。

3. 对机械防误闭锁装置的要求

对于成套高压断路器柜，断路器、隔离开关、接地开关、柜门间应具有机械闭锁或电气闭锁的功能。

## 第二节　电力线路倒闸操作票的填写与使用

### 一、电力线路倒闸操作票的填写

（一）操作任务的填写要求

1. 电力线路倒闸操作票中对操作任务的要求

操作任务应根据电力线路倒闸操作命令发布人发布的操作命

令内容和专用术语进行填写。

2. 操作任务中设备的状态

设备状态分为运行状态、热备用状态、冷备用状态和检修状态四种。

3. 操作任务的填写类别

包括电力线路、电力线路断路器、电力线路隔离开关、开关站、配电变压器、接地线等操作任务的填写。

(二) 操作项目的填写要求

1. 应填入操作票的操作项目栏中的项目

(1) 应拉开、合上的配电网中断路器、隔离开关、跌落式熔断器、配电变压器室二次侧开关、刀开关。

(2) 检修后的设备送电前,检查与该设备有关的断路器、隔离开关、跌落式熔断器确在拉开位置。

(3) 装设接地线前,应在停电设备上进行验电。装、拆接地线均应注明接地线的确切地点和编号。

2. 可以不填写操作票的项目

事故处理应根据调度值班员的命令进行操作,可不填写操作票,但事后必须及时作好记录。

3. 操作项目的填写类别

包括电力线路断路器、电力线路隔离开关、跌落式熔断器、开关站、接地线等的填写。

4. 操作项目的操作术语填写

(1) 操作断路器、隔离开关、跌落式熔断器、开关、刀开关用"拉开"、"合上"。

(2) 检查断路器、隔离开关、跌落式熔断器、开关、刀开关原始状态位置,用"断路器、隔离开关、跌落式熔断器、开关、刀开关确已拉开(确已合好)"。三相操作的设备应检查"三相确已拉开、三相确已合好",单相操作的设备应分相检查"×相确已拉开、×相确已合好"。

（3）验电用"确无电压"。

（4）装、拆接地线用"装设"、"拆除"。

（5）检查负荷分配用"指示正确"。

（6）装上、取下一、二次熔断器用"装上"、"取下"。

（7）启、停保护装置及自动装置用"投入"、"停用"。

（8）切换二次回路开关用"切至"。

（9）操作设备名称，包括配电变压器、配电线路、杆（杆塔）、电容器、避雷器、断路器、隔离开关、电压互感器（或TV）、电流互感器（或TA）、跌落式熔断器、母线、接地开关、接地线等。

（三）备注栏的填写要求

1. 断路器的操作

（1）防止电源线路误并列、误解列的提示。

（2）配电网环网断路器的拉开（合上）操作，必须经过调度指令方可执行。

2. 隔离开关的操作

（1）配电线路支线隔离开关操作前，必须检查支线所带全部配电变压器一次侧跌落式熔断器全部断开，在配电线路支线上没有负荷，且配电变压器与配电线路支线有明显断开点，方可拉开（合上）支线隔离开关。

（2）隔离开关操作完毕后，必须将隔离开关的闭锁锁住。

3. 跌落式熔断器的操作

对下列内容如果有必要强调，应在备注栏内注明：

（1）分相拉开跌落式熔断器时，要先拉开中相跌落式熔断器，再拉开边相跌落式熔断器。

（2）分相合上跌落式熔断器时，要先合上边相跌落式熔断器，再合上中相跌落式熔断器。

4. 验电

（1）验电确无电压。必须对电力线路三相逐一验电确无电压。

（2）当验明电力线路确无电压后，对检修的电力线路接地并三相短路等。

5. 接地线

（1）装设接地线必须先接接地端，后接导体端，且必须接触良好，严禁用缠绕方式接地。

（2）装设接地线时，工作人员应使用绝缘棒或戴绝缘手套，人体不得碰触接地体。

（3）操作人在装设接地线时，监护人严禁帮助操作人拉、拽接地线，以免失去监护操作。

在电力线路倒闸操作中出现问题、因故中断操作以及填好的操作票没有执行等情况，都应在备注栏中注明。

（四）电力线路倒闸操作票其他栏目的填写要求

1. 操作票的编号

电力线路倒闸操作票的编号由各单位统一编号，使用时应按编号顺序依次使用。对于电力线路倒闸操作票的编号不能随意改动。

2. 操作票的单位

电力线路倒闸操作票的××单位应填入操作人、监护人所在的单位，单位名称要写全称。

3. 发令与受令

（1）配电网调度值班员向配电运行人员发布正式的操作指令，由配电运行人员将发令人和受令人的姓名填入电力线路倒闸操作票"发令人"栏和"受令人"栏中。

（2）由配电运行人员将发令人发布正式操作指令的时间填入"发令时间"栏内。

4. 操作时间的填写

（1）操作开始时间：执行电力线路倒闸操作项目第一项的时间。

（2）操作结束时间：完成电力线路倒闸操作项目最后一项的时间。

5. 操作票签名

电力线路倒闸操作前，操作人和监护人应对电力线路倒闸操作票进行认真审核，并确认操作票无误后，由操作人、监护人分别在操作票上签名。

6. 操作票操作项目

监护人在操作人完成此项操作并确认无误后，在该项操作项目前打"√"。

7. 操作票的终止号

电力线路倒闸操作票按照倒闸操作顺序依次填写完毕后，在最后一项操作内容的下一空格中间位置记上终止号。

8. 操作票盖章

（1）电力线路倒闸操作票项目全部结束，操作人在已执行电力线路倒闸操作票的终止号上盖"已执行章"。

（2）合格的操作票全部未执行，在操作任务栏中盖"未执行"章，并在电力线路倒闸操作票备注栏中注明原因。

（3）若监护人、操作人操作中发现问题，应及时向配电网调度值班员和配电工区值班员报告，绝对不允许擅自更改操作票。该操作票不得继续使用，并在已操作完项目的最后一项盖"已执行"章，在电力线路倒闸操作票备注栏注明"本操作票有错误，自××项起不执行"。对多张操作票，应从第二张操作票起，在每张操作票的操作任务栏中盖上"作废"章，然后重新填写操作票再继续操作。

（五）电力线路倒闸操作票填写注意事项

电力线路倒闸操作票由操作人员填写，监护人审核。填写前应根据下达的操作指令明确操作任务，了解现场工作内容和要求，操作项目不准井项填写，不准添项、倒项、漏项。

二、电力线路倒闸操作票的使用

（一）电力线路倒闸操作票的使用范围

1. 应使用电力线路倒闸操作票进行的操作

（1）配电网改变运行方式或线路工作需要配电网、开关站进行的倒闸操作，由管理配电网、开关站的运行单位根据调度值班员的命令，使用电力线路倒闸操作票进行操作。

（2）对配电网中装设的联络断路器、分段断路器、分支线断路器、隔离开关以及跌落式熔断器的倒闸操作，属于配电网调度管辖的联络线、环网断路器、隔离开关、跌落式熔断器的操作应由配电网调度值班员下令，配电运行班使用电力线路倒闸操作票进行操作。

2. 可不填写操作票进行的操作

事故处理应根据调度值班员的命令进行操作，可不填写操作票，但事后应及时作好记录。

（二）电力线路倒闸操作票的执行步骤

1. 发布及接受操作指令票

（1）电力线路倒闸操作命令应由经过供电公司批准的配电网调度值班员发布。

（2）配电网调度值班员应提前 1h 将电力线路倒闸操作指令票通知配电运行人员。配电网调度值班员发布操作指令票时，应使用规定的操作术语和设备双重名称，同时应说明操作目的和注意事项。配电运行人员接受操作指令票时，应明确操作任务、范围、时间、安全措施及被操作设备的状态，配电运行人员应将接受的操作指令票记入值班记录簿中，并向发令人复诵一遍，得到其同意后生效。

2. 填写电力线路倒闸操作票

操作人根据配电运行人员交代的操作任务和值班记录簿中的操作记录，明确操作任务的具体内容及执行本次操作的目的、操作设备的对象，核对配电线路接线图，逐项填写电力线路倒闸操作票或使用计算机打印电力线路倒闸操作票。

3. 电力线路倒闸操作票审核

操作人填写电力线路倒闸操作票后应进行审查，无误后送交监护人进行审核，审核无误后配电运行人员审核。配电运行人员应根据操作人填写的电力线路倒闸操作票与接线图进行对照审核，认为填写有错误时应及时退交操作人，由操作人在操作票任务栏上盖"作废"章。

4. 电力线路倒闸操作票签名

操作人和监护人对电力线路倒闸操作票进行审核、检查无误后，分别在电力线路倒闸操作票上签名。

5. 发布及接受操作指令

（1）由配电网调度值班员向配电运行人员发布正式的操作指令。发布指令应正确、清楚地使用正规操作术语和设备双重名称。

（2）发布指令和接受指令的全过程要作好记录。作为受令人的配电运行人员应全文复诵操作指令，并得到配电网调度值班员"对、执行"的指令后执行，配电运行人员将发令人姓名填入电力线路倒闸操作票的"发令人"栏，配电运行人员根据接受的操作指令向操作人和监护人发布正式操作指令，配电运行人员在操作票"发令时间"栏内填上发令时间后发出电力线路倒闸操作票，命令操作人和监护人开始操作。

6. 实际倒闸操作

（1）监护人确认操作人复诵无误后，发出"对、执行"的操作口令，操作人实施操作。监护人在操作人完成操作并确认无误后，在该操作项目前打"√"。

（2）对于检查项目，监护人唱票后，操作人应认真检查，确认无误后再高声复诵，监护人同时也应进行检查，确认无误并听到操作人复诵后，在该项目前打"√"。

（3）若监护人、操作人检查复核时发现有问题和错误，应及时向配电网调度值班员和配电运行人员报告，并停止操作，该操作票不得继续使用，操作人在已操作完项目的最后一项盖"已执行"章，在备注栏注明"本操作票有错误，自××项起不执行"。

7. 电力线路倒闸操作结束

完成全部操作项目后，若监护人、操作人检查复核没有发现问题，由监护人在电力线路倒闸操作票上填写操作结束时间，并向配电运行人员汇报实际操作完毕。配电运行人员将操作完毕情况向配电网调度值班员汇报，并填写值班记录簿，操作人在执行操作票的终止号上盖"已执行"章。

（三）电力线路倒闸操作票中对操作设备的要求

1. 对线路的操作要求

线路停电的操作顺序是，先拉开线路断路器，检查线路断路器确已拉开，再拉开负荷侧隔离开关，最后拉开电源侧隔离开关。线路送电的操作顺序是，检查线路断路器确已拉开，先合上电源侧隔离开关，再合上负荷侧隔离开关，最后合上线路断路器。

2. 对配电变压器的操作要求

配电变压器停电顺序是，先拉开配电变压器二次侧低压自动断路器，检查配电变压器二次侧低压自动断路器确已拉开后，再拉开配电变压器一次侧跌落式熔断器。配电变压器送电顺序是，检查配电变压器二次侧低压自动断路器确已拉开后，合上配电变压器一次侧跌落式熔断器，检查配电变压器一次侧跌落式熔断器确已合好后，再合上配电变压器二次侧低压自动断路器。

3. 对线路断路器的操作要求

线路断路器允许合上、拉开额定电流以内的负荷电路，允许切断额定遮断容量以内的故障电流。

## 第三节 低压操作票的填写与使用

### 一、低压操作票的填写

（一）低压操作任务的填写要求

1. 低压操作票中对操作任务的要求

操作任务应根据供电所值班负责人的操作命令的内容和专用术语进行填写，做到能从操作任务中看出操作对象、操作范围及操作要求。操作任务应填写设备双重名称。

2. 低压电气操作任务中设备的状态

包括运行状态、热备用状态、冷备用状态和检修状态四种。

3. 低压电气操作任务的填写

包括低压配电箱设备、配电变压器室低压设备及线路、配电变压器室电容器组、接地线等操作任务的填写。

（二）低压电气操作项目的填写要求

1. 应填入低压电气操作票操作项目栏中的内容

（1）应断开、合上的刀开关、开关等。

（2）检查刀开关、开关等的位置。

（3）检修后的低压设备送电前，检查送电范围内确无接地短路。

（4）装设、拆除接地线均应注明接地线的确切地点和编号。

（5）拆除接地线后，检查接地线确已拆除。

（6）装设接地线前，应在停电低压设备上进行验电。

（7）对有关设备的状态进行核对性检查。

（8）装上、取下低压熔断器。

2. 低压电气操作项目的填写类别

包括开关、刀开关、低压电容器组、熔断器、接地线等。

3. 低压操作项目的操作术语填写

（1）操作开关、刀开关用"断开"、"合上"。

（2）检查开关、刀开关原始状态位置，用"开关、刀开关确已断开（合好）"。

（3）验电用"确无电压"。

（4）装、拆接地线用"装设"、"拆除"。

（5）检查负荷分配用"指示正确"。

（6）装上、取下低压熔断器用"装上"、"取下"。

（7）切换二次回路电压开关用"切至"。

（8）设备术语：配电变压器、电容器组、避雷器、熔断器、母线、接地线、开关、刀开关、指示灯、配电箱、电能表箱、配电室、配电盘、剩余电流保护、××线××杆、电流表、电压表、电能表、绝缘子、主干线、分支线、进户线等。

（三）低压电气操作票备注栏的填写要求

（1）严禁以投入熔件的方法对线路进行送电操作。

（2）严禁以切除熔件的方法对线路进行停电操作。

（3）在低压电气操作中应根据现场实际情况提出需要注意的安全措施并在备注栏中注明。

（四）低压操作票其他栏目的填写要求

1. 操作票的编号

低压操作票的编号由各单位统一编号，使用时应按编号顺序依次使用，对于低压操作票的编号不能随意改动。

2. 操作票的单位

低压操作票的××单位应填入操作人、监护人所在的单位，单位名称要写全称。

3. 操作时间的填写

（1）操作开始时间：执行低压电气操作项目第一项的时间。

（2）操作结束时间：完成低压电气操作项目最后一项的时间。

4. 低压操作票签名

操作人和监护人经模拟操作确认操作票无误后，由操作人、监护人分别在低压操作票上签名，操作人、监护人应对本次低压电气操作的正确性负全部责任。

5. 低压操作票打 "√"

监护人在操作人完成此项操作并确认无误后，在该项操作项目前打"√"。对于检查项目，监护人唱票后，操作人应认真检查，确认无误后再高声复诵，监护人同时也应进行检查，确认无误并听到操作人复诵后，在项目前打"√"。

6. 操作票的终止号

低压操作票按照低压电气操作顺序依次填写完毕后，在最后一项操作内容的下一空格中间位置记上终止号。

7. 低压操作票盖章

（1）低压操作票项目全部结束，操作票执行完毕后，操作人应在已执行低压操作票的终止号上盖"已执行"章。

（2）合格的低压操作票全部未执行，操作人在操作任务栏中盖"未执行"章，并在备注栏中注明原因。

（3）若监护人、操作人操作中发现问题，应及时汇报给低压操作命令发令人并停止操作。该操作票不得继续使用，并在已操作完项目的最后一项盖"已执行"章，在备注栏注明"本操作票有错误，自××项起不执行"。对多张操作票，应从第二张操作票起在每张操作票的操作任务栏中盖上"作废"章，然后重新填写操作票再继续操作。

（4）错误的低压操作票，在操作任务栏中盖"作废"章。

（五）低压操作票填写注意事项

低压操作票由操作人员填写，监护人审核。填写前操作人应根据操作指令明确操作任务，了解现场工作内容和要求，并充分考虑此项操作对其设备运行方式的影响是否满足相关要求。低压操作票填写的设备术语必须与现场实际相符。低压操作票填写要字迹工整、清楚，不得任意涂改。

**二、低压操作票的使用**

（一）低压操作票的使用范围

1. 停、送总电源的操作

（1）低压线路及设备的停、送总电源的操作。

（2）低压母线的停、送总电源的操作。

（3）低压电容器组的停、送总电源的操作。

2. 装设、拆除接地线的操作

（1）停电、验电、装设接地线。

（2）拆除接地线后应检查送电范围内确无接地短路，方可进行送电操作。

3. 事故处理

低压电气设备的事故处理应根据运行单位值班负责人的命令

进行操作，可不填写低压操作票，但事后应及时作好记录。如发生危及人身安全情况时，可不待命令即行拉开电源开关，但事后应立即报告给运行单位值班负责人。

（二）低压操作票的执行步骤

1. 发布及接受操作预告

（1）低压电气操作预告和命令应由经过供电公司批准的有权发布低压操作命令的运行单位值班负责人发布，由经过供电公司批准的有权接受低压操作命令的运行班组值班负责人接受。

（2）运行单位值班负责人应提前 1h 将低压电气操作预告通知运行班组值班负责人。运行单位值班负责人发布操作指令票时，应使用规定的操作术语和设备双重名称，同时应说明操作目的和注意事项。运行班组负责人接受操作指令票时，应明确操作任务、范围、时间、安全措施及被操作设备的状态，运行班组值班负责人应将接受的操作指令票记入值班记录簿中，并向运行单位值班负责人复诵一遍，得到其同意后生效。

2. 交代操作任务

运行班组值班负责人根据操作预告，向操作人、监护人交代操作任务，由操作人按照运行班组值班负责人交代的操作指令票，依据工作任务、现场设备运行情况，确认操作方案，由操作人准备填写低压操作票。

3. 填写低压操作票

操作人根据运行班组值班负责人交代的操作任务和值班记录簿，明确操作任务的具体内容及执行本次操作的目的，操作设备的对象，核对低压配电接线图，逐项填写低压操作票或用计算机打印低压操作票。

4. 低压操作票审核

操作人填写完毕低压操作票后应进行审查，无误后送交监护人。监护人根据操作人填写的低压操作票与低压配电接线图进行对照审核，认为填写，有错误应及时退交操作人，由操作人在操作票操作任务栏上盖"作废"章。操作人根据监护人要求重新填写低压操作票。

5. 低压操作票签名

操作人和监护人对低压操作票审核、检查无误后，由操作人、监护人分别在低压操作票上签名。

6. 低压操作前准备

由运行值班负责人检查操作人、监护人着装是否整齐、符合要求，准备的安全用具是否合格齐全等。

7. 发布及接受操作命令

由运行单位值班负责人向运行值班负责人发布正式的操作命令。发布命令应正确、清楚地使用正规操作术语和设备双重名称。运行值班负责人应全文复诵操作命令，在得到运行单位值班负责人"对、执行"的命令后，运行班组值班负责人方可向操作人和监护人发出开始操作的命令。

8. 实际操作

操作人应按照唱票内容手指此项操作应动部位高声复诵，监护人确认操作人复诵无误后，发出"对、执行"的操作口令，操作人实施操作。监护人在操作人完成操作并确认无误后，在该操作项目前打"√"。

9. 低压操作结束

完成全部操作项目后，操作人、监护人向运行班组值班负责人汇报实际操作完毕，由运行班组值班负责人在值班记录簿上作好记录，并向运行单位值班负责人汇报实际操作完毕，运行单位值班负责人应将操作内容及操作完毕时间作好记录。由操作人在已执行的低压操作票的终止号上盖"已执行"章，已执行的低压操作票交运行班组值班负责人保存。

（三）低压操作票中对操作设备的要求

1. 对低压进出线路的操作要求

（1）低压电气设备分路停电操作顺序是，先拉开出线开关，检查出线开关确已拉开，再拉开低压出线刀开关，最后取下低压熔断器。低压电气设备分路送电操作顺序是，检查开关确已拉开，先装上低压熔断器，再合上低压出线刀开关，最后合上出线开关。

（2）低压电气设备总路停电操作顺序是，先拉开各分路开关，再拉开各分路刀开关或取下熔断器，最后拉开总开关。低压电气设备总路送电操作顺序是，先合上总开关，再合上各分路刀开关或装上熔断器，最后合上分路开关。

2. 对低压自动断路器的要求

拉开低压自动断路器时，应将手柄拉向"分"字处；合上低压自动断路器时，应将手柄推向"合"字处。若要合上已经自动脱扣的限流断路器，应先将手柄拉向"分"字处，使断路器脱扣，然后将手柄再次推向"合"字处。

3. 对刀开关的要求

禁止用刀开关拉开、合上故障电流。禁止用刀开关拉开、合上带负荷的电气设备或带负荷的电力线路等。

4. 低压熔断器

（1）熔件的操作应在不带电的情况下投、切。

（2）低压熔断器及熔体应安装可靠，安装熔体时应保证接触良好等。

5. 对配电箱的要求

配电箱内各电器间以及这些电器对配电箱外壳的距离，应能满足电气间隙、爬点距离以及操作所需的间隔。配电箱的进出、引出线应采用具有绝缘护套的绝缘电线或电缆等。

## 第四节　操作票的管理规定

### 一、操作票的统计管理

生产班组应在每月规定日期前将上月操作票按顺序分类整理装订审核，做好班组操作票合格率的计算及操作票种类、操作票号码的统计,最后填写班组《月度操作票执行情况统计表》,由班组安全员、班组长分别审核签名后报送车间安全员。车间安全员应在每月规定日期前将生产班组报送的上月操作票按顺序整理装订审核,做好车间操作票合格率的计算及操作票种类、操作票号码的统计,最后填写车间《月度操作票执行情况统计表》,由车间安全员、车间负责人分别审核签名后,将车间《月度操作票执行情况统计表》报送供电公司安检部门,同时将操作票原始资料归档保存,以备检查。

## 二、操作票检查

生产班组每月要对本班组的操作票执行情况进行全面检查、统计、汇总、分析。车间主管运行、检修的工程技术人员和车间安全管理人员每月也要检查已执行的操作票,车间领导每月也要检查已执行的操作票。供电公司领导、生计管理人员、安检管理人员要经常深入工作现场检查指导安全生产工作,按分工每月抽查车间已执行的低压操作票、变电操作票和线路操作票,抽查后均应在车间《月度操作票执行情况统计表》上签名,并指出问题,对于操作票检查中发现的不合格项要提出公司考核意见。

## 三、操作票的考核

(一)操作票的考核内容

在填写和执行操作票过程中出现下列情况之一者为不合格项,要进行考核:

(1)操作票无编号,编号混乱或漏号。

(2)无票操作或事后补票

(3)未写变电站站名或填错站名。

(4)操作票未盖章,盖错位置,盖错章。

(5)操作任务与操作项目不符。

(6)操作任务填写不明确或设备名称、编号不正确。

(7)操作任务填写未使用设备双重名称及运用方式转换。

(8)不用蓝色或黑色钢笔(圆珠笔)填写,而且字迹潦草,票面模糊不清。

（9）操作时未逐项打"√"或不打"√"进行操作，全部操作完毕后补打"√"。

（10）未填写操作开始及终了时间或操作开始及终了时间填错。

（11）操作票未打终止号或终止号打错位置。

（12）多页操作票未填续号或填错续号。

（13）各类签名人员不符合《国家电网公司电力安全工作规程》等相关规程的要求，包括没有签名或漏签名、代签名。

（14）操作票中有错字、别字、漏字或未使用操作术语。

（15）操作票中对操作方式，设备名称、编号、参数、终止号、操作"动词"有涂改。

（16）操作项目中出现漏项、并项、添项、顺序号任意涂改。

（17）操作顺序颠倒。

（18）操作票未按规定保存一年就丢失。

（19）已装设、拆除的接地线没写编号。

（20）误投、误停保护装置，误投、误停自动装置，误投、误停重合闸装置。

（21）操作中不戴安全帽或使用不合格的安全用具。

（22）操作票在执行过程中因故停止操作，未在备注栏注明原因。

（23）操作票填写后，未按操作人—监护人—值班负责人的顺序审查并签名。

（24）操作票填写后，未经监护人、值班负责人审核就操作。

（25）监护人手中持有两份及以上操作票进行操作。

（26）在执行倒闸操作时，如果已操作了一项或多项，因故停止操作，未按规定盖"已执行"章，未按已执行的操作票处理，未注明原因。

（27）倒闸操作中途随意换人。

（28）操作人、监护人在倒闸操作过程中做与操作无关的事情。

（29）应由两人进行的操作失去监护，单人操作。

（30）未按倒闸操作程序操作。

（31）现场操作未执行监护、复诵制。

（32）未进行模拟操作就开始实际操作。

（33）操作票虽然填写正确，但操作过程中执行错误。

（34）变电站典型操作票丢失，典型操作票与现场实际设备不符，变电站设备运行方式改变后，典型操作票未及时修改。

（35）未按规定使用防误闭锁解锁工具进行操作。

（36）防误闭锁解锁工具使用后未作记录。

（37）每次使用防误闭锁解锁工具后未重新填写封条加封。

（38）安全用具不能满足操作要求或安全用具超周期而影响操作。

（39）送电操作前，未检查送电范围内接地线确已拆除。

（40）装设、拆除接地线时身体触及接地线。

（41）装设接地线未按先接接地线端、后接导体端顺序进行。

（42）装设接地线用缠绕方式接地。

（43）未用合格相应电压等级的专用验电器验电。

（44）装设接地线时，工作人员未使用绝缘棒或戴绝缘手套。

（45）杆塔无接地引下线时，未使用临时接地棒。

（46）验电前未将验电器在有电设备上进行检验就直接验电。

（二）操作票合格率计算要求

$$操作票合格率 = \frac{已执行正确的操作票份数}{应统计的操作票份数} \times 100\%$$

应统计的操作票份数是包括已执行的和不符合《国家电网公司电力安全工作规程》等相关安全规程、规定所填写和执行的操作票份数。

　　已执行正确的操作票份数，应当是从应统计的操作票份数中，减去不符合《国家电网公司电力安全工作规程》等相关安全规程、规定所填写和执行的操作票份数。

　　生产班组、车间、供电公司均要统计操作票的合格率，并逐级检查考核，达到严格操作票管理的目的。

# 第六章

# 电气工作票

## 第一节　变电站第一种工作票的填写

### 一、变电站第一种工作票的填写要求

1. 单位、班组

（1）单位：应填写工作班组主管单位的名称。

（2）班组：应填写参加工作班组的全称。

2. 工作负责人

若几个班同时工作，填写总工作负责人的姓名。

3. 工作班人员

填写的工作班人员不包括工作负责人在内。

4. 工作的变、配电站名称及设备双重名称

此栏应填写进行工作的变电站、开关站、配电室名称和电压等级，要填写双重名称。

5. 工作任务

（1）工作地点及设备双重名称：应填写实际工作现场的位置和地点名称以及设备的双重名称。

（2）工作内容：应填写该工作的设备检修、试验清扫、保护校验、设备更改、安装、拆除等项目，工作内容应对照工作地点及工作设备来填写。

6. 计划工作时间

填写应在调度批准的设备停电检修时间范围内。

7. 安全措施

（1）应拉断路器、隔离开关：应拉开的断路器、隔离开关盒和落式熔断器，应取下的熔断器、应拉开的快分开关或电源刀开关等均应填入此栏。

（2）应装接地线、应合接地线开关：应写明装设接地线的具

体位置和确切地点，接地线的编号可以留出空格，待变电站值班运行人员做好安全措施后，由工作许可人填写装设接地线编号。

（3）应设遮栏、应挂标示牌：填写应装设遮栏、应挂标示牌的名称和地点。

（4）防止二次回路误碰的具体措施：填写要装设的绝缘挡板，应注明现场实际装设处的位置。

1）小范围停电检修工作时，遮（围）栏应包围停电设备，并留有出入口，遮（围）栏内设有"在此工作"的标示牌，在遮（围）栏上悬挂适当数量的"止步，高压危险！"标示牌，标示牌应朝向遮（围）栏里面。围栏开口处设置"由此出入"标示牌。在开口式遮（围）栏内不得有带电设备，出口朝向通道。在大范围停电检修工作时，装设围栏应包围带电设备，即带电设备四周装设全封闭围栏，并在全封闭围栏上悬挂适当数量的"止步，高压危险"标示牌，标示牌应朝向全封闭围栏外面。

2）室内一次设备上的工作，应悬挂"在此工作"标示牌，并设置遮（围）栏，留有出入口。应在检修设备两侧、检修设备对面间隔的遮（围）栏上、禁止通行的过道处悬挂"止步，高压危险！"标示牌。室内二次设备上的工作，应悬挂"在此工作"标示牌，并在检修屏（盘）两侧屏（盘）前后悬挂红布幔。手车断路器拉出断路器柜外后，隔离带电部位的挡板封闭后禁止开启，手车断路器柜门应闭锁，并悬挂"止步，高压危险！"标示牌。

（5）工作地点保留带电部分或注意事项。要求工作地点保留带电部分应写明停电设备上、下、左、右第一个相邻带电间隔和带电设备的名称和编号。线路停电，接地开关需要拉开进行修试，由工作负责人监护工作人员装设临时接地线，顺序是先装设临时接地线，后拉开接地开关。试验结束应先合上接地开关，后拆除临时接地线。

8. 工作票签发签名

工作票签发人填好工作票或由工作负责人填写工作票，应经工作票签发人审核无误后，由工作票签发人在一式两联工作票的"工作票签发人签名"栏签名，并填写签发日期。

**二、送交和接受变电站第一种工作票**

第一种工作票应在工作前一日送达运行人员，变电站运行值班人员应在工作前一日审查工作票所列安全措施是否正确、完备，是否符合现场条件。确认无问题后，在一式两联的变电站第一种工作票上填写收到工作票时间并在运行值班人员签名栏签名。

**三、填写变电站第一种工作票时对工作许可人的要求**

1. 已拉开断路器和隔离开关

根据现场已经执行的拉开断路器和隔离开关，对照工作票上应拉开断路器和隔离开关的逐项内容，在"已执行"栏逐项打"√"。

2. 已装接地线、应合接地开关

根据现场已执行的装设接地线、合上接地开关，对照工作票上应装接地线、应合上接地开关的逐项内容，在"已执行"栏逐项打"√"，由工作认可人在"应装接地线、应合接地开关"栏填写现场已经装设接地线的编号。

3. 已设遮栏、已挂标示牌

根据现场已经布置的安全措施，对照工作票上应设遮栏、应挂标示牌、防止二次回路误碰措施的逐项内容，在"已执行"栏逐项打"√"。

4. 补充工作地点保留带电部分和安全措施

补充安全措施是指工作许可人认为有必要补充的其他安全措施和要求。该栏是运行值班人员向检修、试验人员交代补充工作地点保留带电部分和安全措施的书面依据。此栏不允许空白。

**四、许可开始工作时间**

工作许可人应确认变电站运行值班人员所作的安全措施与工作要求一致，工作地点相邻的带电或运行设备及提醒工作人员工作期间有关安全注意事项等已经填写清楚，在确认变电站第一种工作票各项内容全部完成后，由工作许可人会同工作负责人到现场再次检查所作的安全措施，确认检修设备确无电压。双方认为无问题后，由工作认可人填上许可开始工作时间。许可开始工作时间由工作许可人在工作现场填写。上述工作完成后，工作许可人在一式两联工作票中"工作许可人签名"栏签名，工作负责人在一式两联工作票中"工作负责人签名"栏签名。

### 五、工作班组人员签名

工作负责人接到工作许可命令后，应向全体人员交代工作票中所列工作任务、安全措施完成情况、保留或邻近的带电设备和其他注意事项，并询问是否有疑问。工作班组全体人员确认工作负责人布置的任务和本工作项目安全措施交代清楚并确认无疑问后，工作班成员应逐一在签名栏签名。

### 六、工作负责人变动情况

1. 工作负责人变动

工作期间，若工作负责人因故长时间离开工作现场时，应由原工作票签发人变更工作负责人，履行变更手续，并告知全体工作人员及工作许可人，同时在工作票上填写离去和变更的工作负责人姓名，并填写工作票签发人姓名以及工作负责人变动时间。

2. 工作人员变动

工作人员变动应经工作负责人同意，在工作票上注明变动人员姓名、变动日期和时间，并简要写明工作人员变动的原因。

### 七、工作票延期

应在工期尚未结束以前由工作负责人向运行值班负责人提出申请，由运行值班负责人通知工作许可人给予办理。运行值班负责人得到调度值班员的工作票延期许可后，方可将延期时间填在一式两联工作票的"有效期延长到"栏内，同时与工作负责人在工作票上分别签名，并在分别填入签名时间后执行。

### 八、工作间断

使用一天的工作票不必填写"每日开工和收工时间"，使用

多日的工作票应填写"每日开工和收工时间"。每日收工，应清
扫工作地点，开放已封闭的通路，并将工作票交回工作许可人，
在工作票上填写收工时间，工作负责人与工作许可人分别在工作
票"每日收工时间"栏内签名。次日复工时，应得到工作许可人
的许可。

### 九、工作终结及工作票终结

#### 1. 工作终结

全部工作完毕后，工作班应清扫、整理现场。工作负责人应
先进行周密检查，待全体工作人员撤离工作地点后，再向运行人
员交代所检修项目、发现的问题、试验结果和存在问题等，并与
运行人员共同检查设备已恢复至开工前状态，然后在工作票上填
明工作结束时间。经双方签名后，工作终结。

#### 2. 工作票终结

待工作票上的临时遮拦已拆除，标示牌已取下，已恢复常设
遮拦，未拆除的接地线、未拉开的接地开关已汇报调度，安全措
施全部清理完毕，运行值班负责人对工作票审查无问题并在两联
工作票上签名，填写工作票终结时间后，工作票方告终结。

### 十、备注

填写工作票签发人、工作负责人、工作许可人在办理工作票
过程中需要双方交代的工作及注意事项。

### 十一、变电站第一种工作票盖章

"已执行"章和"作废"章应盖在变电站第一种工作票的编
号上。工作结束后工作负责人从现场带回下联工作票，向工作票
签发人汇报工作完成情况，并交回工作票。工作票签发人认为无
问题时，在下联工作票的编号上方盖上"已执行"章，然后将工
作票收存以备检查。工作结束后工作许可人将上联工作票交给运
行值班负责人，并向值班负责人汇报工作完成情况，运行值班负
责人认为无问题时，在上联工作票的编号上方盖上"已执行"
章，然后将工作票收存。

变电站第一种工作票的编号由各单位统一编号，使用时应按编号顺序依次使用。

## 第二节　变电站第二种工作票的填写

### 一、填写变电站第二种工作票的要求

1. 单位、班组

(1) 单位：应填写工作班组主管单位的名称。

(2) 班组：应填写参加工作班组的全称。

2. 工作负责人

工作负责人是组织工作人员安全完成工作票上所列工作任务的负责人，也是对本工作班完成工作的监护人。几个班同时工作时，填写总工作负责人的姓名。

3. 工作班人员

填写的工作班人员不包括工作负责人在内。

4. 工作的变、配电站名称及设备双重名称

此栏应填写进行工作的变电站、开关站、配电室名称和电压等级，变电站、开关站、配电室名称要写全称。要填写变电站、开关站、配电室内工作的设备双重名称。

5. 工作任务

(1) 工作地点或地段。工作地点及设备双重名称应填写实际工作现场的位置和地点名称以及设备的双重名称，其中断路器、隔离开关、电力电容器等电气设备应写双重名称，构架、母线等应写电压等级和设备名称，填写的设备名称必须与现场实际相符。

(2) 工作内容。此栏应填写该工作的设备检修、试验及设备更改、安装、拆除等项目，工作内容对照工作地点或地段来填写。

6. 计划工作时间

计划工作时间可以由工作票签发人根据工作性质来确定。

7. 工作条件

填写停电或不停电的条件是指检修对象要求的工作条件，即检修对象需要停电时则填写停电，不需要停电时则填写不停电。需要停电时，应在"注意事项"栏内写明需要停电的电源设备。要在此栏中填写邻近及保护带电设备名称，带电设备要写双重名称。

8. 注意事项

继电保护定期校验、检查工作时，应写明退出保护的具体名称，切换断路器选择开关的"遥控/就地"状态。在邻近带电运行的一次设备上工作时，应注明设备运行情况及工作人员与带电设备保持的安全距离。在高处作业时，应注意下层设备及周围运行情况。在蓄电池室内工作，应提醒工作人员注意"禁止烟火"等。

**二、工作票签发人签发变电站第二种工作票**

工作票签发人填好工作票或由工作负责人填好工作票后，必须经工作票签发人审核无误，由工作票签发人在一式两联工作票的"工作票签发人签名"栏签名，并填写工作票签发时间。变电站运行值班负责人收到变电站第二种工作票后，应对工作票的全部内容作仔细审查，确认无问题后，按照工作票内容做好安全措施。

**三、补充安全措施**

除工作票签名人填写的安全措施外，工作许可人认为有必要补充说明的安全措施也要在此栏中写明。

**四、工作许可**

在填写许可开始工作时间前，工作许可人必须认真仔细审查工作票签发人填好的工作票中各项内容。对于进入变电站或发电厂工作，必须经过当值运行人员许可，工作负责人应确认变电站或发电厂运行值班人员所做的安全措施与工作票安全措施要求一致，工作地点相邻的带电或运行设备及提醒工作人员工作期间有关安全注意事项均已填写清楚。工作许可人会同工作负责人到现场，对照工作票指明工作任务、工作地点、带电部分以及注意事项，工作负责人确认无问题后，由工作许可人填写许可开始工作时间。许可工作时间由工作许可人在工作现场填写。工作许可人在一式两联工作票中"工作许可人签名"栏签名，并填写许可工作时间，应注意许可工作时间应在计划工作时间之后。工作负责人在一式两联工作票中"工作负责人签名"栏签名，工作许可手续办理完毕。

### 五、工作班组人员签名

工作负责人带领工作班组全体人员到达工作现场后，应向全体工作人员交代工作票中所列工作任务、人员分工、工作条件及现场安全措施、计划工作时间、进行危险点告知等，并询问是否有疑问，如果工作人员有疑问或没有听清楚，工作负责人有义务向其重申，直到清楚为止。工作班组全体人员确认工作负责人布置的任务和本工作项目安全措施交代清楚并确认无疑后，工作班组全体人员应逐一在"工作班组人员签名"栏填入自己的姓名，注意必须是本人亲自签名。

### 六、工作票延期

应在工期尚未结束以前由工作负责人向运行值班负责人提出申请，运行值班负责人得到调度值班员的工作票延期许可后，方可将延期时间填在一式两联工作票的"有效期延长到"栏内，由运行值班负责人通知工作许可人给予办理。工作许可人与工作负责人在工作票上分别签名、分别填入签名时间后执行。

### 七、工作票终结

工作结束时间应与计划结束时间相同，或在计划结束时间之前。在工作结束后和未填写工作结束时间前，由工作负责人会同工作许可人一起到现场进行验收，经验收合格，递交必需的检查试验报告，填写有关记录，清理现场后，工作许可人方可在一式两联工作票上填写工作结束时间。工作负责人与工作许可人在一式两联工作票上分别签名并填写签名时间，工作票方告终结。

**八、备注**

由于变电站第二种工作票无工作票负责人变更栏，当遇到此种情况时可由工作票签发人电话传达并由工作许可人写明"××
×电话传达"并签名。此栏还应填写非正常工作间断的原因、增减工作人员的原因、工作中需要注明的内容等。

**九、变电站第二种工作票盖章**

"已执行"章和"作废"章应在变电站第二种工作票的编号上方。工作结束后负责人从现场带回下联工作票，向工作票签发人汇报工作完成情况，并交回工作票。工作票签发人认为无问题时，在下联工作票的编号上方盖上"已执行"章，然后将工作票收存以备检查。工作结束后，工作许可人将上联工作票交给值班负责人，并向运行值班负责人汇报工作完成情况，运行值班负责人认为无问题时，在上联工作票的编号上方盖上"已执行"章，然后将工作票收存以备检查。

变电站第二种工作票的编号由各单位统一编号，使用时应按编号顺序依次使用。

## 第三节　变电站带电作业工作票的填写

**一、变电站带电作业工作票的填写要求**

1. 单位、班组

(1) 单位：应填写变电站带电作业班组的主管单位的名称。

(2) 班组：应填写变电站带电作业工作班组的全称。

2. 工作负责人

填写组织、指挥工作班人员安全完成工作票上所列工作任务的责任人员。

3. 工作班人员

填写的工作班人员不包括工作负责人在内。

4. 工作的变、配电站名称及设备双重名称

应填写变电站、开关站、配电室的电压等级、名称，要填写

带电作业电气设备的名称编号及电压等级。

5. 工作任务

（1）工作地点或地段：要填写变电站、开关站、配电室内带电作业电气设备的实际地点和地段，带电作业电气设备所在的设备区，电气设备要填写双重名称并注明电压等级。

（2）工作内容：在同一变电站或发电厂升压站内，依次进行的同一类型的带电作业可以使用一张带电作业工作票。此栏应具体、明确地填写所进行带电作业工作的项目和计划安排的工作任务。

6. 计划工作时间

工作票签发人在考虑计划工作时间时，应根据实际工作需要填写计划工作时间。若在预定计划工作时间工作尚未完成，应将该工作票终结，重新办理工作票。

7. 工作条件

带电作业的工作条件可以分成"等电位、中间电位、地电位作业、邻近带电设备"几类填写。对于带电体的电位与人体的电位相等的带电作业，在此栏中填"等电位"；对于作业人员通过两部分绝缘体，分别与接地体和带电体隔开的带电作业，在此栏中填"中间电位"；对于作业人员处于地电位上使用绝缘工具间接接触带电设备的作业，在此栏中填"地电位"。

8. 注意事项

进行地电位带电作业时，人身与带电体间的安全距离、绝缘操作杆、绝缘承力工具和绝缘绳索的有效绝缘长度要在此栏中注明。在市区或人口稠密的地区进行带电作业时，工作现场应设置围栏，派专人监护，严禁非工作人员入内等措施要在此栏中写明。等电位工作时，应在此栏中填写作业人员要穿合格的全套屏蔽服，各部分应连接良好。屏蔽服内还应穿着阻燃内衣。严禁通过屏蔽服断、接接地电流及空载线路和耦合电容器的电容电流。对于带电水冲洗，一般应在良好天气时进行，风力大于 4 级，气温-3℃,或雨天、雪天、沙尘暴、雾天及雷电天气时不宜进行。冲洗绝缘子时,应注意风向,必须先冲下风侧,后冲上风侧;对于上、下层布置的绝缘子,应先冲下层,后冲上层。冲洗时,操作人员应戴绝缘手套、穿绝缘靴。带电作业中需要注意的其他安全措施都要在此栏中写明。

## 二、签发变电站带电作业工作票

工作票签发人将填好的工作票核对无误后,由工作票签发人在一式两联工作票上签名,并填写工作票签发时间。工作票签发人和工作负责人各持一联工作票,由工作票签发人向工作负责人交代工作内容,工作负责人对照工作票进行认真核对,审查带电作业工作票并确认工作票各项填写内容无问题后,在一式两联工作票上签名。带电作业应设专责监护人。由工作负责人指定×××为专责监护人,并将其姓名写入工作票中,再由指定的专责监护人在"专责监护人签名"栏填入自己的姓名。

## 三、补充安全措施

除工作票签发人填写的带电作业安全措施和注意事项外,工作许可人认为有必要在现场进行补充说明的安全措施也要在此栏中写明。

## 四、许可开始工作时间

带电工作开始前,工作许可人必须认真仔细审查工作票签发人填好的工作票,如果工作许可人发现有错误,必须通知工作票签发人修改工作票或重新填写新票。当确认无问题后,由变电站运行值班人员根据工作票要求结合现场实际情况完成补充的安全措施,工作许可人会同工作负责人到现场,对照工作票指明工作任务、工作地点、带电部分以及注意事项,方可填写许可开始工作时间。许可开始工作时间应该迟后于计划工作时间。此时,工作许可人与工作负责人方可在一式两联工作票上分别签名。一式两联工作票的上联由工作许可人持有,下联由工作负责人持有。

## 五、工作班组人员签名

工作负责人带领工作班组全体人员到达工作现场后,应向全体人员交代工作票中所列工作任务、人员分工、带电部位及现场安全措施、计划工作时间、进行危险点告知等，并询问是否有疑问，如果工作人员有疑问或没有听清楚，工作负责人有义务向其重申，直到清楚为止。工作班组全体人员确认工作负责人布置的任务和本施工项目安全措施交代清楚并确认无疑问后，工作班组全体人员应逐一在签名栏填入自己的姓名。

### 六、工作票终结

带电作业结束后，工作负责人应检查工作人员已全部撤离，材料工具已清理完毕，然后会同工作许可人一起到现场进行验收。经验收合格，递交必需的检查试验报告，填写有关记录，工作许可人方可在一式两联工作票上填写工作结束时间："全部工作于×××年××月××日××时××分结束"，工作负责人与工作许可人在一式两联工作票上分别签名，工作票方告终结。

### 七、备注

填写有必要提醒工作人员工作中需注意的其他事项，对于专责监护人负责监护的具体地点和监护内容、监护范围、安全措施、危险点和安全注意事项应填入此栏中。

### 八、变电站带电作业工作票盖章

"已执行"章和"作废"章应盖在变电站带电作业工作票的编号上方，一式两联工作票应分别盖章。工作结束后工作负责人从现场带回工作票，向工作票签发人汇报工作情况，并交回工作票，工作票签发人认为无问题时，在一式两联工作票的编号上方分别盖上"已执行"章，然后将工作票收存。工作结束后，工作许可人将上联工作票交给运行值班负责人，并向其汇报带电作业完成情况及验收情况，运行值班负责人认为无问题后，在带电作业工作票的编号上方盖上"已执行"章，并将工作票收存以备检查。

变电站带电作业工作票的编号由各单位统一编号，使用时应按编号顺序依次使用。

## 第四节　电力线路第一种工作票的填写

**一、电力线路第一种工作票的填写要求**

1. 单位、班组

（1）单位：应填工作班组的主管单位的名称。

（2）班组：应填写参加工作班组的全称。

2. 工作负责人

填写组织、指挥工作班人员安全完成工作票上所列工作任务的责任人员。工作负责人应由具有独立工作经验的人员担任。

3. 工作班人员

填写的工作班人员不包括工作负责人在内。

4. 工作的线路或设备双重名称

对于全线停电的线路，应写明停电线路的名称和电压等级；对于部分停电的线路，除写明部分停电线路的名称和电压等级外，还要写明从××号杆至××号杆。如果只有支线停电，既要填写干线的名称和电压等级，还要填写支线的名称。

5. 工作任务

（1）工作地点或地段：应填写停电工作范围内的地段。工作地段为干线全部工作时，只填写该线路的名称和起、止杆号；工作地段为干线的部分地段时，应填写干线停电工作部分两端装设接地线的起、止杆号。干线不停电，工作地段是分、支线路时，应填写干线名称及分、支线的名称和停电部分的起、止杆号；干线不停电，工作地段为一条分、支线上的部分地段时，应填干线名称及分、支线的名称和停电部分的起、止杆号。

（2）工作内容：填写该项目的工作内容，对一些有明确规定的项目，只填写该项目内容即可。

6. 计划工作时间

填写不包括设备停、送电操作及实施安全措施在内的设备检修时间。

7. 安全措施

（1）应改为检修状态的线路间隔名称和应拉开的断路器、隔离开关、熔断器。此栏内应填写断开发电站、变电站、开关站、配电站、环网设备等线路断路器和隔离开关，还应填写断开需要工作班操作的线路各端断路器、隔离开关和熔断器，以及断开危及该线路停电作业，且不能采取相应安全措施的交叉跨越、平行和同杆架设线路的断路器、隔离开关和熔断器。当一回线路检修，其邻近或交叉其他电力线路需进行配合停电和接地时，也应在工作票中列入相应的安全措施。若配合停电线路属于其他单位，应由检修单位事先书面申请，经配合线路的设备运行管理单位同意并实施的停电措施也要填入此栏。填写断开有可能返回低压电源的断路器、刀开关和熔断器。对于断路器、隔离开关的操动机构上应加锁，跌落式熔断器的熔管应摘下等要填写在安全措施中。

（2）保留或邻近的带电线路、设备。此栏应填写工作地段同杆架设的带电线路、10m 以内的平行带电线路、交叉跨越带电线路或其他带电设备的名称和电压等级。此栏不许空白，无带电线路和带电设备时应填"无"。

（3）其他安全措施和注意事项。此栏填写除已写明的"应拉开的断路器、隔离开关、熔断器，应挂的接地线"等安全措施外，还应注明其他安全措施和注意事项。应在此栏中注明增设临时围栏。临时围栏与带地部分的距离不准小于有关规定。还应在此栏填写临时围栏应装设牢固，并悬挂"止步，高压危险!"的标示牌。

（4）应挂的接地线。填写由工作班组在工作地段各端所装设的接地线，凡有可能送电到停电线路的分支线也要装设接地线。此栏只填写在线路工作地段的两端应装设的接地线或加挂的接地线。应在表格的上一行填写线路名称和杆号（接地线的装设位置），在对应的下一行填写该处所装接地线的编号。"线路名称和杆号"栏中，单回线路与同杆架设的多回线路均要填写名称和杆号，对于同杆架设的多回线路在同一杆塔上不同线路均要求装设接地线时，不仅要填写线路名称和杆号，还要注明装设的确切位置。

**二、签发与接收工作票**

**1. 工作票签发人签名**

工作票签发人将填好的工作票核对无误后，工作票签发人和工作负责人各持一联工作票，工作票签发人向工作负责人交代工作内容，当双方确认工作票无问题后，工作票签发人在一式两联工作票上签名，并填写工作票签发时间。

**2. 工作负责人签名**

工作负责人接收工作票前，由工作票签发人按照工作票所填写的内容逐项交代给工作负责人，工作负责人对照工作票进行认真核对，审查工作票有无遗漏，对工作票有无疑问，确认无问题后，由工作负责人在一式两联工作票上签名，并填写工作票收到时间。

**三、许可开始工作**

许可开始工作的命令按照联系方式填写，调度值班员或线路工区值班员向工作负责人发出许可工作的命令。许可人为当值调度人员、线路工区值班员。许可人应通知到工作负责人，由工作负责人在得到许可开始工作的命令后，把许可命令的方式、许可人姓名、许可工作的时间填入工作票许可开始工作栏内，并将自己的姓名填入"工作负责人签名"栏内。

**四、工作班组人员签名**

工作负责人接到工作许可命令后，应向全体工作人员交代工作票中所列工作任务、安全措施完成情况、保留或邻近的带电线路、设备和其他注意事项，并询问是否有疑问，如果工作人员有疑问或没有听清楚，工作负责人应向其重申，直到清楚为止。工作班组全体人员确认工作负责人布置的任务和本施工项目安全措施交代清楚并确认无疑问后，工作班成员应逐一在签名栏签名。

**五、工作负责人变动情况**

1. 工作负责人变动

工作期间，若工作负责人因故长时间离开工作现场，应由原工作票签发人变更工作负责人，履行变更手续，并告知全体工作人员及工作许可人。由工作票签发人将变动情况通知工作负责人，同时在工作票上填写离去和变更的工作负责人姓名，还应填写工作票签发人姓名以及工作负责人变动时间。工作负责人只允许变更一次。

2. 工作人员变动

工作人员变动应经工作负责人同意，并在工作票上注明增减人员姓名、变动日期和时间，工作人员变动情况填写完后，由工作负责人签名。

**六、工作票延期**

工作负责人应在有效时间尚未结束以前向工作许可人提出延期申请，经同意后给予办理，由工作负责人将工作许可人许可的延期时间填在工作票"有效延长时间"栏内，在"工作负责人签名"栏内签名，填入同意延期申请的工作许可人姓名，填写许可延期时间。

**七、工作票终结**

（1）将已经全部拆除并带回的在现场所挂接地线的组数、接地线的编号填写在现场所挂接地线组数、接地线编号栏内。

（2）工作终结报告。工作终结后，工作负责人向工作许可人汇报，并将工作终结报告的方式、接受报告人姓名、工作终结报告的时间填入工作票"工作终结报告"栏内，并在"工作负责人签名"栏内签名。

**八、备注**

1. 专责监护人

工作票签发人和工作负责人，对有触电危险、施工复杂容易发生事故的工作应指定专责监护人，并将专责监护人姓名填入此栏。同时将专责监护人负责监护的具体地点和监护内容、监护范围、危险点和安全注意事项等填入此栏。

2. 其他事项

对于工作票间断，应由工作负责人将工作间断时间与工作开工时间填入工作票的备注栏内。填写数日内工作有效的工作票，如每日收工需将工作地点所装设接地线拆除时，次日开工前应得到工作许可人许可后方可重新验电，装设接地线，再开始工作。同时，应将每日装、拆接地线的操作人和时间填入工作票的备注栏内。工作人员确已知道工作地段接地线装设好并接到工作负责人当面许可后，方可开始工作。工作人员登杆前应核对线路名称、杆号、电缆分线箱编号、线路断路器、隔离开关等设备名称编号。工作完毕后，工作负责人检查线路检修地段的状况，命令拆除全部接地线，在工作人员全部撤离现场，接地线拆除后，不准任何人再登杆进行任何工作等内容也可填写在备注栏中。

**九、电力线路第一种工作票盖章**

"已执行"章和"作废"章应盖在电力线路第一种工作票的编号上方，一式两联工作票应分别盖章。工作结束后，工作负责人从现场带回工作票，向工作票签发人汇报工作情况，并交回工作票。工作票签发人认为无问题时，在一式两联工作票的编号上方分别盖上"已执行"章，然后将工作票收存。

电力线路第一种工作票的编号由各单位统一编号，使用时应按编号顺序依次使用。

## 第五节　电力电缆第一种工作票的填写

**一、电力电缆第一种工作票的填写要求**

1. 单位、班组

(1) 单位：应填写工作班组的主管单位的名称。

(2) 班组：应填写参加工作班组的全称。

2. 工作负责人

填写组织、指挥工作班人员安全完成工作票上所列工作任务的责任人员。

3. 工作班人员

填写的工作班人员不包括工作负责人在内。

4. 电力电缆双重名称

应写明电力电缆的名称编号和电压等级，工作票上所写的电力电缆双重名称要与现场实际的电缆名称、标示牌相符。

5. 工作任务

(1) 工作地点或地段：应填写停电工作范围内的地段。电力电缆工作要填写起、止电缆终端头号；电力电缆分线箱内工作还要写明分线箱的名称编号、色标以及电力电缆的电压等级。

(2) 工作内容：填写该项目的工作内容，对一些有明确规定的项目，只填写该项目内容。

6. 安全措施

(1) 应拉开的设备名称、应装设绝缘挡板。

1) 变配电站或线路名称：填写应拉开断路器、隔离开关、熔断器的变电站、开关站、配电站、线路的双重名称和编号。

2) 应拉开的断路器、隔离开关、熔断器以及应装设绝缘挡板：此栏内应填写断开变电站、开关站、配电站、线路断路器、隔离开关、熔断器，填写应装设绝缘挡板的具体位置。

3) 执行人、已执行：在变电站办理的电力电缆工作票，由工作许可人根据工作票上填写的应拉开断路器、隔离开关、熔断器以及应装设绝缘挡板的内容对照运行值班人员已经完成的操作项目，在工作票的"执行人"栏内填写自己的姓名，并在"已执行"栏内打"√"。

(2) 应合接地开关和应装接地线。

1) 接地开关双重名称和接地线装设地点：要写明装设接地线的具体位置和确切地点，应注明各组接地线以及接地开关的编号。

2) 接地线编号：凡有可能送电到停电电力电缆的，均要装设接地线或合上接地开关，并将接地线装设地点、已装设的接地线编号和合上接地开关的编号填入此栏。

3) 执行人：在变电站办理的电力电缆工作票，当工作票上"应合接地开关和应装接地线"的措施全部由变电站运行人员做完后，由工作许可人在工作票"执行人"栏签名。

（3）应设遮栏、应挂标示牌。一经合闸即可送电到工作地点的断路器、隔离开关的操作把手上，均应悬挂"禁止合闸，线路有人工作！"或"禁止合闸，有人工作！"的标示牌。应在此栏填写临时围栏应装设牢固，并悬挂"止步，高压危险！"的标示牌等。

（4）工作地点保留带电部分或注意事项。在变电站的工作，填写停电检修电缆设备的第一间隔的上、下、左、右、前、后相邻，有误登、误碰、误触、误入带电间隔造成危险的具体带电部分和带电设备。

（5）补充工作地点保留带电部分和安全措施。除工作票签发人填写的工作地点保留带电部分或注意事项外，工作许可人认为有必要对工作地点保留带电部分进行补充说明的要在此栏中写明。

**二、签发与接收工作票**

填写的变电站电力电缆第一种工作票经工作票签发人审核无误后，由工作票签发人在一式两联工作票的"工作票签发人签名"栏签名，并填写工作票签发日期。变电站运行值班负责人收到变电站电力电缆第一种工作票后，应对工作票的全部内容作仔细审查，确认无问题后，按照工作票内容做好安全措施。

**三、工作许可**

填用电力电缆第一种工作票的工作应经调度许可。

1. 在线路上的电缆工作

许可开始工作的命令按照联系方式填写，调度值班员或工区值班员向工作负责人发出许可工作的命令。对直接在现场许可的停电工作，工作许可人将自己的姓名、许可命令的方式、许可工作的时间填入工作票"工作许可人××用××方式许可"栏内，工作负责人将自己的姓名填入"工作负责人签名"栏内。

2. 在变电站或发电厂内的电缆工作

若进入变电站或发电厂工作，应经当值运行人员许可，工作负责人应确认变电站或发电厂运行值班人员所做的安全措施与工作票安全措施要求一致，工作地点相邻的带电或运行设备及提醒工作人员工作期间有关安全注意事项均已填写清楚。工作许可人会同工作负责人到现场再次检查所做的安全措施，对工作负责人强调带电设备的位置和注意事项，双方认为无问题后，由工作许可人填上"安全措施项所列措施中××部分已执行完毕"，其中的"××部分"应填写发电厂或变电站、开关站、配电室，再填上工作许可时间。之后，工作许可人在一式两联工作票中"工作许可人"栏签名，工作负责人在一式两联工作票中"工作负责人"栏签名。

3. 工作班组人员签名

工作负责人接到工作许可命令后，应向全体工作人员交代工作票中所列工作内容、人员分工、安全措施完成情况，告知危险点，明确保留或邻近的带电部分和其他注意事项。工作班组全体人员应确认工作负责人布置的任务和本工作项目安全措施交代清楚并确认无疑后，由工作班成员逐一在"工作班组人员签名"栏签名。

### 四、工作票延期

工作负责人应在有效时间尚未结束以前向工作许可人提出延期申请，经同意后给予办理。

### 五、工作负责人变动情况

1. 工作负责人变动

工作期间，若工作负责人因故长时间离开工作现场，应由原工作票签发人变更工作负责人，履行变更手续，并告知全体工作人员及工作许可人。同时在工作票上填写离去和变更的工作负责人姓名、工作票签发人姓名以及工作负责人变动时间。

2. 工作人员变动

工作人员变动应经工作负责人同意，并在工作票上注明变动人员姓名、变动日期和时间，简要写明工作人员变动的原因。

六、工作间断

每日收工，应清扫工作地点，开放已封闭的通路，并将工作票交回工作许可人，由工作负责人在工作票上填写收工时间，工作负责人与工作许可人分别在工作票"每日收工时间"栏内签名。次日复工时，应得到工作许可人的许可，取回工作票，工作负责人应重新认真检查安全措施是否符合工作票的要求，工作负责人确认无问题后，由工作负责人在工作票上填写开工时间，工作负责人与工作许可人分别在工作票"每日开工时间"栏内签名，方可工作。

七、工作终结

1. 在线路上的电缆工作

工作终结后，工作负责人应及时报告工作许可人。汇报完毕后，由工作负责人在工作终结栏内填写所装的工作接地线共××副已全部拆除，填写工作终结时间，并将接受工作终结报告的工作许可人姓名和用××方式汇报填入工作终结栏内。

2. 在变电站或发电厂内的电缆工作

全部工作完毕后，工作负责人应周密地检查，待全体工作人员撤离工作地点后，运行人员交代工作项目、发现的问题、试验结果和存在问题等，并与运行人员共同检查电力电缆的状态等，然后在工作票上填明工作结束时间等内容。经双方签名后，工作终结。

八、工作票终结

待工作票上的临时遮拦已拆除，标示牌已取下，已恢复常设遮拦，未拆除的接地线、未拉开的接地线开关已汇报调度，工作票方告终结。

**九、备注**

1. 专责监护人

工作票签发人和工作负责人，对有触电危险、施工复杂容易发生事故的工作，应指定专责监护人并将专责监护人姓名填入此栏，同时将专责监护人负责监护的具体地点和监护内容、监护范围、安全措施、危险点和安全注意事项填入此栏。

2. 其他事项

填写有必要提醒工作人员工作中需注意的其他事项。

**十、电力电缆第一种工作票盖章**

"已执行"章和"作废"章应盖在电力电缆第一种工作票的编号上方，一式两联工作票应分别盖章。在线路上的电缆工作，当工作结束后工作负责人向工作票签发人汇报工作情况，工作票签发人认为无问题时，在一式两联工作票的编号上方分别盖上"已执行"章。在变电站内的电缆工作结束后，工作票的下联由工作负责人带回单位盖章。上联工作票由工作许可人交值班负责人，并向其汇报工作情况，值班负责人认为无问题后，在工作票编号上方盖"已执行"章。

电力电缆第一种工作票的编号由各单位统一编号，使用时应按编号顺序依次使用。

## 第六节 电力线路第二种工作票的填写

**一、电力线路第二种工作票的填写要求**

1. 单位、班组

（1）单位：应填写参加工作班组的主管单位的名称。

（2）班组：应填写参加工作班组的全称。

2. 工作负责人

填写组织、指挥工作班人员安全完成工作票上所列工作任务

195

的责任人员。工作负责人应由具有独立工作经验的人员担任。工作负责人应始终在工作现场，并对工作班人员安全进行认真监护。一个工作负责人只能发给一张工作票，在工作期间，工作票应始终保留在工作负责人手中。

3. 工作班人员

填写的工作班人员不包括工作负责人在内。

4. 工作任务

（1）线路或设备名称：应填写工作线路的电压等级、工作线路或设备名称，填写线路设备的名称编号及电压等级。

（2）工作地点、范围：架空线路工作填写线路起、止杆塔号。如果是在一段线路上工作，应填写××kV××线××号杆至××号杆。

（3）工作内容：应具体、明确地填写所进行工作的项目和计划安排的工作任务，对同一电压等级、同类型工作，可在数条线路上共用一张第二种工作票。

5. 计划工作时间

由于电力电路第二种工作票无工作延期规定，工作票签发人在考虑计划工作时间时，应根据实际工作需要填写计划工作时间。若在预定计划工作时间内工作未完成，应将该工作票终结，重新办理工作票。

6. 注意事项

应填写工作人员对带电体的安全距离、绝缘杆的有效长度，注意应填写具体数据。工作人员在杆上工作时，安全带要系在牢固的构件上，工作移位时不得失去安全保护。工作人员登杆前应核对线路名称、杆号。工作人员登杆、下杆时要踩稳抓牢。工作地点设专人监护，应将监护人的姓名等内容填入此栏。

**二、签名与接收工作票**

1. 工作票签发人、工作负责人签名

工作票签发人将填好的工作票核对无误后，由工作票签发人在一式两联工作票上签名，并填写工作票签发时间。工作票签发人和工作负责人各持一联工作票，由工作票签发人向工作负责人交代工作内容，工作负责人对照电力线路第二种工作票进行认真核对，核对工作票无问题后，由工作负责人在一式两联工作票上签名。一式两联工作票的上联由工作票签发人持有，下联由工作负责人持有。

2. 工作班组人员签名

工作负责人带领工作班组全体人员到达工作现场后，应向全体工作人员交代工作票中所列工作任务、人员分工、带电部位及现场安全措施、计划工作时间，进行危险点告知，并询问是否有疑问。如果工作人员有疑问或没有听清楚，工作负责人有义务向其重申，直到清楚为止。工作班组全体人员确认工作负责人布置的任务和本工作项目安全措施交代清楚并确认无疑问后，应逐一在签名栏签名。

### 三、工作开始时间、工作完工时间

1. 工作开始时间

工作班组全体人员确认工作负责人布置的任务和本工作项目安全措施交代清楚并无疑问且在工作票上签名后，由工作负责人发出开始工作命令。由工作负责人填写工作开始时间，并在"工作负责人签名"栏签名。

2. 工作完工时间

工作结束后，全体工作人员撤离工作地点，材料工具已经清理完毕，工作现场无遗留物件等，由工作负责人填写工作完工时间，并在"工作负责人签名"栏签名。

### 四、备注

在工作票各栏中无法填写但需要注明的工作注意事项或其他需要强调的内容可以在"备注"栏中写明。

### 五、电力线路第二种工作票盖章

"已执行"章和"作废"章应盖在电力线路第二种工作票的

编号上方，一式两联工作票应分别盖章。工作结束后，工作负责人从现场带回工作票，向工作票签发人汇报工作情况，并交回工作票。工作票签发人认为无问题时，在一式两联工作票的编号上方分别盖上"已执行"章，然后将工作票收存。

电力线路第二种工作票的编号由各单位统一编号，使用时应按编号顺序依次使用。

## 第七节　电力电缆第二种工作票的填写

### 一、电力电缆第二种工作票的填写要求

1. 单位、班组

(1) 单位：应填写参加工作班组的主管单位的名称。

(2) 班组：应填写参加工作班组的全称。

2. 工作负责人

填写组织、指挥工作班人员安全完成工作票上所列工作任务的责任人员。

3. 工作班人员

填写的工作班人员不包括工作负责人在内。

4. 工作任务

(1) 电力电缆双重名称：应写明电力电缆的名称编号和电压等级。工作票所写的电力电缆双重名称要与现场实际的电缆名称、标示牌相符。

(2) 工作地点或地段：应填写工作的确切地点和工作范围内的地段。电力电缆工作要填写起、止电缆终端头号；电力电缆分线箱内工作还要写明分线箱的名称编号、色标以及电力电缆的电压等级。电力电缆设备的标示牌要与电网系统图、电缆走向图和电缆资料的名称一致。

(3) 工作内容。填写该项目的工作内容，对一些有明确规定的项目，只填写该项目内容即可。

5. 计划工作时间

工作票签发人在考虑计划工作时间时，应根据实际工作需要

填写。

6. 工作条件和安全措施

（1）工作条件：填写"停电"或"不停电"。

（2）安全措施：工作人员应使用合格的绝缘工具，工作人员工作前应核对电力电缆名称、编号，电力电缆分线箱的名称、编号、色标。工作人员进入现场工作要穿工作服，戴安全帽。工作地点应设专人监护，监护人的姓名也要填入此栏。

**二、签发与接收工作票**

1. 变电站电力电缆第二种工作票的签发与接收

工作票签发人填好工作票或由工作负责人填好工作票，应经工作票签发人审核无误，由工作票签发人在一式两联工作票的"工作票签发人签名"栏签名，并填写工作票签发时间。变电站运行值班负责人收到变电站电力电缆第二种工作票后，应对工作票的全部内容作仔细审查，确认无问题后，按照工作票内容做好安全措施。除工作票签发人填写的安全措施外，工作许可人认为有必要对工作地点进行补充的安全措施和注意事项也要在"补充安全措施"栏中填写说明。

2. 非变电站电力电缆第二种工作票的签发与接收

工作票签发人将填好的工作票核对无误后，由工作票签发人在一式两联工作票上签名，并填写工作票签发时间。工作票签发人和工作负责人各持一联工作票，由工作票签发人向工作负责人交代工作内容，工作负责人对照工作票进行认真核对，审查电力电缆第二种工作票并确认工作票内容无问题后，在一式两联工作票上签名。一式两联工作票的上联由工作票签发人持有，下联由工作负责人持有。

**三、工作许可**

1. 在线路上的电缆工作

由于填用电力线路第二种工作票，不需要履行工作许可手续，因此当工作负责人带领工作班组人员到达工作现场后，在确认电力电缆第二种工作票内容无问题后，向全体工作人员交代工作票中所列工作任务、人员分工、工作条件及现场安全措施、计划工作时间，进行危险点告知，当工作班人员均无疑问时，由工作负责人在工作票中填写工作开始时间，并将自己姓名填入"工作负责人签名"栏内，然后向工作班全体人员发出开始工作命令。工作负责人在填写工作开始时间时，应注意工作开始时间应在工作时间之后。

2. 在变电站或发电厂内的电缆工作

若进入变电站或发电厂工作，应经当值运行人员认可，工作负责人应确认变电站或发电厂运行值班人员所作的安全措施与工作票安全措施要求一致，工作地点相邻的带电或运行设备及提醒工作人员工作期间有关安全注意事项均已填写清楚。工作许可人会同工作负责人到现场，对照工作票指明工作任务、工作地点、带电部分以及注意事项，方可填写安全措施所列措施中××部分已执行完毕，其中××部分填写发电厂或变电站、开关站、配电室，并填写许可开始工作时间。许可开始工作时间由工作许可人在工作现场填写。工作许可人在填写许可开始工作时间时，应注意许可开始工作时间应在计划工作时间之后。工作许可人在一式两联工作票中"工作许可人签名"栏签名，工作负责人在一式两联工作票中"工作负责人签名"栏签名。

3. 工作班组人员签名

工作负责人带领工作班组全体人员到达工作现场后，应向全体工作人员交代工作票中所列工作任务、人员分工、工作条件及现场安全措施、计划工作时间，进行危险点告知等，并询问是否有疑问。如果工作人员有疑问或没有听清楚，工作负责人有义务向其重申，直到清楚为止。工作班组全体人员确认工作负责人布置的任务和本工作项目安全措施交代清楚并确认无疑问后，工作班组全体人员应逐一在"工作班组人员签名"栏签名。

**四、工作票延期**

在变电站或发电厂内的电缆工作，工作负责人应在有效时间尚未结束以前向工作许可人提出延期申请，经同意后给予办理，由工作负责人将延期时间填在工作票"有效期延长到"栏内，在"工作负责人签名"栏内签名，并填入签名时间。由工作许可人填入同意延期申请的工作许可人签名栏，并填写签名时间。

### 五、工作负责人变动情况

工作期间，若工作负责人因故长时间离开工作现场，应由原工作票签发人变更工作负责人，履行变更手续，并告知全体工作人员及工作许可人。同时在工作票上填写离去和变更的工作负责人姓名，还应填写工作票签发人姓名及工作负责人变动时间。

### 六、工作票终结

1. 在线路上的电缆工作

工作终结后，工作人员全部撤离工作现场，材料工具已经清理完毕，工作现场无遗留物件，由工作负责人在"工作票终结"栏内填写工作结束时间，并在"工作负责人签名"栏填写自己的姓名。

2. 在变电站或发电厂内的电缆工作

全部工作完毕后，工作班应清扫、整理现场。工作负责人应先周密地检查，待全体工作人员撤离工作地点，材料工具已经清理完毕，由工作负责人会同工作许可人一起检查电力电缆状态，工作现场有无遗留物件，是否清洁等，无问题后在工作票上填明发电厂或变电站、开关站、配电室工作结束时间。经双方签名后，工作票方告终结。

### 七、备注

在工作票各栏中无法填写但需要注明的工作注意事项或其他需要强调的内容可以在"备注"栏中写明。

### 八、电力电缆第二种工作票盖章

"已执行"章和"作废"章应盖在电力电缆第二种工作票的编号上方，一式两联工作票应分别盖章。在线路上的电缆工作，工作结束后工作负责人从现场带回工作票，向工作票签发人汇报工作情况，并交回工作票。工作票签发人认为无问题时，在一式两联工作票的编号上方分别盖上"已执行"章，然后将工作票收存。在变电站内的电缆工作，当工作结束后，工作票的下联由工作负责人带回单位盖章。工作票的上联由工作许可人交运行值班负责人，并向其汇报工作情况，运行值班负责人认为无问题后，在工作票编号上方盖"已执行"章，并将工作票收存。

电力电缆第二种工作票的编号由各单位统一编号，使用时应按编号顺序依次使用。

## 第八节　电力线路带电作业工作票的填写

### 一、线路带电作业工作票的填写要求

1. 单位、班组

（1）单位：应填写带电线路工作班组的主管单位的名称。

（2）班组：应填写线路带电作业工作班组的全称。

2. 工作负责人

填写组织、指挥工作班人员安全完成工作票上所列工作任务的责任人员。

3. 工作班人员

填写的工作班人员不包括工作负责人在内。

4. 工作任务

（1）线路或设备名称：应填写带电作业工作线路的电压等级、带电作业工作线路的名称，带电作业线路设备的名称、编号及电压等级。

（2）工作地点、范围：架空线路工作填写线路起、止杆塔号。如果是在一段线路上工作，应填写××kV××线××号杆至××号杆。

（3）工作内容：应具体、明确地填写所进行工作的项目和计划安排的工作任务。

5. 计划工作时间

根据实际工作需要填写计划工作时间，若在预定计划工作时

间内工作尚未完成，应将该工作票终结，重新办理工作票。

6. 停用重合闸线路

对于有必要停用重合闸的线路，应填写线路双重名称，还要填写线路所在变电站或发电厂名称。

7. 工作条件

带电作业的工作条件可以分为"等电位、中间电位、地电位作业、邻近带电设备"四类。对于带电体的电位与人体的电位相等的带电作业，在此栏中填"等电位"；对于作业人员通过两部分绝缘体，分别与接地线和带电体，隔开的带电作业，在此栏中填"中间电位"。

8. 注意事项

应填写由工作负责人在带电作业工作开始前，与调度值班员联系需要停用重合闸的作业，应由调度值班员履行许可手续，带电作业结束后应及时向调度值班员汇报。对于中性点有效接地的系统中有可能引起单相接地的作业、中性点非有效接地的系统中有可能引起相间短路的作业等内容要填入此栏。禁止约时停用或恢复重合闸也要在此栏中填写。进行地电位作业时，人身与带电体间的安全距离要求要在此栏中注明。绝缘操作杆、绝缘承力工具和绝缘绳索的有效绝缘长度也要在此栏中注明。在市区或人口稠密的地区进行带电作业时，工作现场应设置围栏，派专人监护，禁止非工作人员入内等措施要在此栏中写明。等电位作业时，应在此栏中填写作业人员要穿合格的全套屏蔽服，各部分应连接良好。屏蔽服内还应穿阻燃内衣。禁止通过屏蔽服断、接接地电流、空载线路和耦合电容器的电容电流。带电断、接空载线路时，应在确认线路的另一端断路器和隔离开关确已断开，接入线路侧的变压器、电压互感器确已退出运行后，方可进行。上杆前，应先分清相、中性线，选好工作位置；断开导线时，应先断开相线，后断开中性线；搭接导线时，顺序应相反等应填入此栏。

## 二、带电作业工作的现场勘查

带电作业工作票签发人或工作负责人认为必要时，应组织有经验的人员到现场勘查，根据勘查结果作出能否进行带电作业的判断，并确定作业方法和所需工具以及应采取的措施。

## 三、签发与接收工作票

工作票签发人将填好的工作票核对无误后，由工作票签发人在一式两联工作票上签名，并填写工作票签发时间。工作票签发人和工作负责人各持一联工作票，由工作票签发人向工作负责人交代工作内容。工作负责人对照工作票进行认真核对，审查带电作业工作票并确认工作票各项填写内容无问题后，在一式两联工作票上签名。

## 四、工作许可及补充安全措施

### 1. 工作许可

带电作业工作开始前，工作负责人应与调度值班员联系。需要停用重合闸的作业，应由调度值班员履行许可手续，办理完毕许可手续后，由工作负责人将许可人姓名填入"调度许可人"栏内，并在"工作负责人签名"栏内填入自己姓名。带电作业应设专责监护人，由工作负责人指定×××为专责监护人，并将其姓名写入工作票中，再由指定的专责监护人在工作票上签名。

### 2. 补充安全措施

工作许可前，工作许可人认为有必要补充的安全措施也要通知工作负责人在此栏中写明。

## 五、工作班组人员签名

工作负责人带领工作班组全体人员到达工作现场后，应向全体工作人员交代工作票中所列工作任务、人员分工、带电部位及现场安全措施、计划工作时间，进行危险点告知，并询问是否有疑问。如果工作人员有疑问或没有听清楚，工作负责人应向其重申，直到清楚为止。工作班组全体人员确认工作负责人布置的任务和本施工项目安全措施交代清楚并确认无疑问后，应逐一在签名栏签名。

**六、工作终结**

带电作业结束后由工作负责人及时向调度值班员汇报，并将调度值班员姓名填入工作票"工作终结汇报调度许可人"栏中。工作负责人在签名栏签名后，再填写工作终结时间。

**七、线路带电作业工作票盖章**

"已执行"章和"作废"章应盖在线路带电作业工作票的编号上方，一式两联工作票应分别盖章。工作结束后，工作负责人从现场带回工作票，向工作票签发人汇报工作情况，并交回工作票。工作票签发人认为无问题时，在一式两联工作票的编号上方分别盖上"已执行"章，然后将工作票收存。

线路带电作业工作票的编号由各单位统一编号，使用时应按编号顺序依次使用。

## 第九节　低压第一种工作票的填写

**一、低压第一种工作票的填写要求**

1. 工作单位及班组

填写完成低压第一种工作票上所列工作的班组及主管单位的名称，几个工作班组合用一张工作票时，要写明全部工作班组名称。

2. 工作负责人

填写带领全体工作人员安全完成低压第一种工作票上所列工作任务的总负责人，低压第一种工作票中除注明外均由工作负责人填写。

3. 工作班成员

应填写参与该工作的全体工作班成员的姓名和包括工作负责人在内的所有工作人员总数。

4. 停电线路、设备名称

单回线路应写明停电线路名称及所属的配电台区或配电室名

称。若系同杆架设多回线路，应填写停电线路的双重称号。

5. 工作地段

应填写施工、检修范围内的地段，既要写明停电低压设备所属配电台区或配电室名称，又要写明线路杆号或设备编号。

6. 工作任务

应明确填写所进行的工作任务，并写明停电低压设备所属配电台区的配电室名称，对一些有明确规定的项目，只填写该项目的名称。

7. 应采取的安全措施

(1) 填写需要配电室中低压电气设备采取的安全措施。

(2) 填写在低压线路或低压电气设备上装设的接地线。

(3) 填写配电室门锁住，门锁钥匙由工作许可人保管。

(4) 填写安全标示牌的情况：

1) 一经合闸即可送电到工作地段的断路器、刀开关；已停用的设备，一经合闸即可启动并造成人身触电危险、设备损坏；一经合闸会使两个电源系统并列，或引起反送电的开关、刀开关操作把手上悬挂"禁止合闸，有人工作！"安全标示牌。

2) 运行设备周围的固定遮栏上，检修、施工地段附近带电设备的遮栏上，电气施工禁止通过的过道遮栏上，低压设备做耐压试验的周围遮栏上，配电室外工作地点的围栏上，配电室外架构上，工作地点邻近带电设备的横梁上悬挂"止步，有电危险！"安全标示牌。

3) 工作人员或其他人员可能误登的电杆或配电变压器的台架，距离线路或变压器较近，有可能误攀登建筑物的场所悬挂"禁止攀登，有电危险！"标示牌。

8. 保留的带电线路和带电设备

填写工作地段平行带电线路、交叉带电线路或其他带电设备的电压等级和名称，填写在配电室外工作线路与带电线路相邻处的起止杆号。填写工作地段与停电设备相邻的带电设备名称、编号。当断开的设备一侧带电，一侧无电时，该电气设备应视为带电设备并在此栏中注明。对于断开的断路器，由于触头在断路器内，无明显断开点，则断路器下侧所装熔断器或刀开关同样视为带电设备并在此栏中注明。没有保留的带电线路或带电设备，在此栏中填"无"。

9. 应挂的接地线

填写由工作班组在检修设备的工作地点两端导体上悬挂的接地线。凡有可能送电到停电检修设备上的各个方面的线路，都要装设接地线。应挂接地线的上栏填入装设接地线的确切位置，下栏填入装设接地线的编号。

10. 补充安全措施

（1）工作负责人应填内容：在安全措施栏内设有此项内容但要求工作班成员必须注意的安全事项，以及完成此项工作应采取的重大技术措施，应注意的问题等。

（2）工作票签发人应填写内容：工作票中遗留的或需要补充的个别项目。

（3）工作许可人应填写内容：认为工作票中需要补充的个别项目措施和注意事项。

**二、工作票签发**

工作票签发人接到工作负责人填好的低压第一种工作票，认真审查无问题后，在一式两联工作票上签名并填入签发时间。对复杂工作或对安全措施有疑问时，应及时到现场进行核查，并在开工前一天把工作票交给工作负责人。工作票签发后，工作票签发人在工作票登记簿上登记。由于工作票应提前一天送交工作许可人，工作票签发必须在工作前一天完成。

**三、开工和收工许可**

当工作许可人将布置的安全措施和注意事项交代给工作负责人，并由工作负责人核对无误后，工作负责人方可与工作许可人分别在一式两联工作票上签名。工作许可人在一式两联工作票上填写工作开工时间后，即可发出许可工作的命令。收工后，工作许可人和工作负责人应分别在一式两联工作票上签名，工作许可人在一式两联工作票上写明工作收工时间。每天开工与收工，均应履行工作票中"开工和收工许可"手续。每天工作结束后，工作负责人应将工作票交给工作许可人。次日开工时，工作许可人与工作负责人履行完开工手续后，工作许可人再将工作票交还工作负责人。

### 四、工作班成员签名

工作负责人接到工作许可命令后，应向全体工作人员交代工作票中所列工作地段、工作任务、现场安全措施完成情况、带电部位和其他注意事项，并询问是否有疑问，如果工作人员有疑问或没有听清楚，工作负责人应向其重申，直到清楚为止。工作班全体成员确认无疑问后，工作班成员逐一在签名栏签名。

### 五、工作终结

工作许可人接到工作结束的报告后，应会同工作负责人到现场检查验收工作任务完成情况，确认现场已清理完毕，工作人员已全部离开现场，工作现场已无缺陷和遗留物件后，由工作许可人在工作票上填写工作终结时间，工作负责人与工作许可人分别在工作票上签字后，工作票方告终结。

### 六、需记录备案内容

填写工作中需要记录备案的情况。工作中使用的民工人数及带领民工的人员，工作时指定的专责监护人、看守人姓名及任务等要填入此栏。一个工作班组使用一份工作票在不同地点分组工作时，各小组为了保证安全，工作负责人可以指定各个工作小组的监护人，指定各个工作小组监护人的情况应填入此栏。宣读工作票时，填写的"需记录备案内容"一并宣读。

### 七、附线路走径示意图

应绘出工作线路所属配电台区的配电室、停电线路、工作地段的名称、杆号、实际线路以及工作地段交跨、平行的线路、道路、河流的名称、位置。同时应画出所作安全措施的位置等。

**八、低压第一种工作票盖章**

"已执行"章和"作废"章应盖在低压第一种工作票的编号上方，一式两联工作票应分别盖章。工作结束后，工作负责人从现场带回工作票，向工作票签发人汇报工作情况，并交回工作票，工作票签发人认为无问题后，在一式两联工作票的编号上方分别盖上"已执行"章，然后将工作票收存。

低压第一种工作票的编号由各单位统一编号，使用时应按编号顺序依次使用。

## 第十节　低压第二种工作票的填写

**一、低压第二种工作票的填写要求**

1. 工作单位

填写完成低压工作票上所列工作的班组及主管单位的名称，几个工作班组合用一张工作票时，要写明全部工作班组名称。

2. 工作负责人

填写带领全体工作人员安全完成工作票上所列工作任务的总负责人，工作票中除注明外均由工作负责人填写。

3. 工作班成员

应填写参与该工作的全体工作班成员的姓名和包括工作负责人在内的所有工作人员总数。

4. 工作任务

应明确填写所进行的工作任务，还应写明带电工作设备所属配电室和配电台区的名称。

5. 工作地点与杆号

应填写工作现场实际工作位置及设备名称、编号，填写工作现场线路名称和杆号。

6. 注意事项

（1）低压间接带电作业需注意的事项和安全措施。进行间接带电作业时，作业范围内电气回路的剩余电流动作保护器必须投入运行。低压间接带电工作时应设专人监护，工作中对监护人的具体要求也要在此栏中写明。工作人员在工作中必须穿着长袖服装和绝缘鞋、戴绝缘手套，使用有绝缘手柄的工具。在带电的低压配电装置上工作时，应采取防止相间短路和单相接地短路的隔离措施等。

（2）带电测量需注意的事项和安全措施。测量电压、电流时，应戴线手套或绝缘手套，手与带电设备的安全距离应保持在100mm以上，人体与带电设备应保持足够的安全距离等应填入此栏。

（3）使用钳形电流表需注意的事项和安全措施。使用钳形电流表时，应注意钳形电流表的电压等级和电流值挡位。测量时，应戴绝缘手套，穿绝缘鞋。观测数值时，要特别注意人体与带电设备保持足够的安全距离等。

（4）使用万用表需注意的事项和安全措施。测量时，应确认转换开关、量程、表笔的位置正确等。

**二、工作票签发**

1. 工作票签发人

工作票签发人接到工作负责人已填好的工作票，应认真审查无问题后，在"工作票签发人"栏中签名并填写签发时间。

2. 工作负责人

（1）开工。工作负责人在得到工作许可人发出许可工作命令后，在一式两联工作票上写明工作开工时间并签名。

（2）终结。工作负责人在工作终结后，向工作许可人报告工作结束，并会同工作许可人到现场检查工作完成情况，确无问题和缺陷后，在一式两联工作票上写明工作终结时间并签名。

3. 工作许可人

（1）开工。工作许可人在一式两联工作票上写明工作开工时间并签名后，工作许可人即可向工作负责人发出许可工作的命令。

(2) 终结。工作许可人接到工作结束的报告后，应会同工作负责人到现场检查工作完成情况，确无问题和遗留的物件后，工作许可人在一式两联工作票上写明工作终结时间并签名。

### 三、现场补充安全措施

1. 工作负责人应填写的内容

工作负责人在填写工作票时，在安全措施栏内没有包括而要求工作班成员必须注意的安全事项，以及完成此项工作应采取的安全措施的具体要求和应注意的问题。

2. 工作许可人应填写的内容

填写认为工作票中需要补充的个别项目措施和注意事项。

### 四、备注

由于低压第二种工作票无工作负责人变更和工作票延期栏，当遇到此种情况时，在得到工作票签发人和工作许可人同意后，由工作负责人将情况填入此栏。对于更换工作负责人，在得到工作许可人和工作票签发人同意后，应将更换理由、批准人、更换时间、许可人签名、新替换的工作负责人签名等内容填入此栏。

### 五、工作班成员签名

工作负责人接到工作许可命令后，应向全体工作人员交代工作票中所列工作地点、工作任务、安全措施、带电部位和注意事项，并询问是否有疑问。工作班全体成员确认无疑问后，工作班成员逐一在签名栏签名。

### 六、低压第二种工作票盖章

"已执行"章和"作废"章应盖在低压第二种工作票的编号上方，一式两联工作票应分别盖章。工作结束后，工作负责人从现场带回工作票，向工作票签发人汇报工作情况，并交回工作票，工作票签发人认为无问题后，在一式两联工作票的编号上方分别盖上"已执行"章，然后将工作票收存。

低压第二种工作票的编号由各单位统一编号，使用时应按编号顺序依次使用。

# 第十一节　变电站工作票的使用

## 一、工作票的使用范围

1. 变电站第一种工作票的使用范围

（1）高压设备上工作需要全部停电或部分停电者。

（2）二次系统和照明等回路上的工作，需要将高压设备停电者或做安全措施者。

（3）高压电力电缆需停电的工作等。

2. 变电站第二种工作票的使用范围

（1）二次系统和照明等回路上的工作，无须将高压设备停电者或做安全措施者。

（2）大于规定的安全距离的相关场所和带电设备外壳上的工作，以及无可能触及带电设备导电部分的工作。

（3）高压电力电缆不需停电的工作等。

3. 填用带电作业工作票的工作

## 二、在变电站内电气设备上的工作方式

在变电站内电气设备上工作，按以下方式进行：

（1）填用变电站（发电厂）第一种工作票。

（2）填用电力电缆第一种工作票。

（3）填用变电站（发电厂）第二种工作票。

（4）填用电力电缆第二种工作票。

（5）填用变电站（发电厂）带电作业工作票。

（6）填用变电站（发电厂）事故应急抢修单。

## 三、变电站第一种工作票的执行规定

1. 填写变电站第一种工作票

变电站第一种工作票由工作负责人填写，也可由工作票签发人填写。工作票填写完后，应经过认真审查，无问题后，由工作票签发人在一式两联的工作票上签名，并记录。

2. 工作票签发人签发变电站第一种工作票

工作票填写后应交工作票签发人审核，无误后由工作票签发人在一式两联工作票上签名。工作票签发人按照工作票所填内容逐项向工作负责人进行全面交代，并对工作票填写内容的正确性负责。

3. 送交和接受变电站第一种工作票

变电站第一种工作票应在工作前一日预先送达运行人员。变电站运行值班负责人收到工作票后，应对工作票的全部内容作仔细审查，特别是安全措施是否符合现场实际情况，确认无问题后，填写收到工作票时间并签名。

4. 布置安全措施

变电站运行人员根据调度值班员、变电站运行值班负责人的命令和工作票中安全措施的要求，进行倒闸操作后，布置安全措施。

5. 工作许可

工作许可人会同工作负责人到现场再次检查所作的安全措施，确认检修设备确无电压，并检查所做的安全措施与工作要求的安全措施对应情况，指明工作地点保留的带电部位和其他安全注意事项后，证明检修设备确无电压。双方认为无问题后，由工作许可人填上许可开始工作时间后，工作许可人、工作负责人分别在工作票上签名。

6. 工作开工

工作票许可手续完成后，工作负责人带领全体工作班成员进入工作现场，工作负责人、专责监护人向工作班成员交代工作内容、人员分工、带电部位和现场安全措施，进行危险点告知，并履行确认手续。工作负责人确认全体工作班成员对所交代的事项和工作安排已全部明确后，方可下达开工命令。

7. 工作监护

工作负责人、专责监护人应始终在工作现场，认真监护工作班人员的安全，及时纠正不安全的行为。对于在布置复杂的电气设备上的工作，或在一个电气连接部分进行检修、预防性试验等多专业协同工作时，工作负责人应认真监护，不得参与工作。工作负责人在全部停电时，可以参加工作班工作；在部分停电时，只有在安全措施可靠，人员集中在一个工作地点，不致误碰有电部分的情况下，方能参加工作。

8. 工作人员变动

（1）工作负责人变动。非特殊情况不得变更工作负责人，若工作负责人长时间离开工作的现场时，应由原工作票签发人变更工作负责人，履行变更手续。变更工作负责人应经工作票签发人同意并通知原工作负责人、现工作负责人和工作许可人，工作人员暂时停止工作。

（2）工作人员变动。因工作任务或其他原因需增加、减少、变更工作班组成员时，需经工作负责人同意，在对新工作人员进行安全交底手续后，方可进行工作。工作人员变更情况应通知工作许可人，并在工作票中注明工作人员变动情况。

9. 工作间断和转移

（1）工作间断。工作间断时，工作班人员应从工作现场撤出，所有安全措施保持不动，工作票仍由工作负责人收存，间断后继续工作，无需通过工作许可人。每日收工，应开放已封闭的通道，并将工作票交回工作许可人。次日复工时，应得到工作许可人的许可，取回工作票，工作负责人应重新认真检查安全措施是否符合工作票的要求，并召开现场开工会，然后方可工作。

（2）工作转移。在同一电气连接部分用同一张工作票依次在几个工作地点转移工作时，全部安全措施由运行人员在开工前一次做完，不需再办理转移手续。

10. 工作票延期

检修工作如果在规定的计划工作内因故不能准时完工，应在工期尚未结束以前由工作负责人向运行值班负责人提出申请，再由运行值班负责人向调度值班员提出停电时间延期的要求。运行值班负责人在得到调度值班员的批准通知后，方可将延期时间填在工作票上，由工作值班负责人通知工作许可人给予办理。此后工作许可人、工作负责人双方分别在工作票上签名，并分别填写延期时间后执行。

11. 工作终结

全部工作完毕后，工作负责人应先周密地检查，待工作人员撤离工作地点后，再向运行人员交代所检修项目、发现的问题、试验结果和存在问题等，会同工作许可人一起到现场检查检修设备状况，确认临时措施已拆除，已恢复到工作开始状态，场地无遗留物件等。待工作许可人按照检修内容、工艺标准及工作负责人介绍的情况逐条核对验收、检查无问题后，由工作负责人在工作票上填写工作结束时间，并与工作许可人分别签名，即为工作终结。

12. 工作票终结

工作票办理工作终结后，变电站运行人员按照调度命令拆除工作票中全部接地线。待工作票上的临时遮栏已拆除，标示牌已取下，已恢复常设遮栏，未拆除的接地线、接地开关已汇报调度，工作许可人在一式两联工作票上签名并填写工作票终结时间，工作票方告终结。

**四、变电站第二种工作票的执行规定**

变电站第二种工作票应在进行工作的当天预先交给变电站值班人员。

**五、变电站工作票的保存**

已使用的变电站第一种工作票、电力电缆第一种工作票、变电站第二种工作票、电力电缆第二种工作票、变电站带电作业工作票、变电站事故应急抢修单保存期为一年。

## 第十二节　电力线路工作票的使用

### 一、电力线路工作票的使用范围

1. 第一种工作票的使用范围

（1）在停电的线路或同杆（塔）架设多回线路中的部分停电线路上的工作。

（2）在全部或部分停电的配电设备上的工作。

（3）高压电力电缆停电的工作。

2. 第二种工作票的使用范围

（1）带电线路杆塔上的工作。

（2）在运行中的配电设备上的工作。

（3）高压电力电缆不需停电的工作。

### 二、在电力线路上的工作方式

在电力线路上工作，按以下方式进行：

（1）填用电力线路第一种工作票。

（2）填用电力电缆第一种工作票。

（3）填用电力线路第二种工作票。

（4）填用电力电缆第二种工作票。

（5）填用电力线路带电作业票。

（6）填用电力线路事故应急抢修单。

### 三、电力线路第一种工作票的执行规定

1. 现场勘查

现场勘查应查看现场施工（检修）作业需要停电的范围、保留的带电部位和作业现场的条件、环境及其他危险点等。

2. 确定工作负责人及工作人员

主管检修工作的单位依据工作计划或命令，按照工作具体情况确定熟悉设备并了解现场情况的人员担任该项工作的工作负责人，并对工作负责人进行安全措施交底，明确工作任务、工作地点、工作要求和安全措施。

3. 电力线路工作票的使用

第一种工作票，每张只能用于一条线路或同一个电气连接部位的几条供电线路或同（联）杆塔架设且同时停送电的几条线路。

4. 工作票的填写与签发

工作票应使用黑色或蓝色的钢（水）笔或圆珠笔填写与签发，一式两份，内容应正确，填写应清楚，不得任意涂改。如有个别错、漏字需要修改，应使用规范的符号，字迹应清楚。

用计算机生成或打印的工作票应使用统一的票面格式，由工作票签发人审核无误，手工或电子签名后方可执行。

工作票一份交工作负责人，一份留存工作票签发人或工作许可人处。工作票应提前交给工作负责人。

一张工作票中，工作票签发人和工作许可人不得兼任工作负责人。

工作票由工作负责人填写，也可由工作票签发人填写。

工作票由设备运行管理单位签发，也可由经设备运行管理单位审核合格且经批准的修试及基建单位签发。修试及基建单位的工作票签发人、工作负责人名单应事先送有关设备运行管理单位备案。

承发包工程中，工作票可实行"双签发"形式。签发工作票时，双方工作票签发人在工作票上分别签名，各自承担本规程工作票签发人相应的安全责任。

5. 工作票的送交和接收

属于计划工作的，电力线路第一种工作票应在工作的前一天送交许可工作的部门，经许可人审查无误后，签发并填写收到工作票时间。

6. 工作许可

对工作负责人直接向调度办理工作票的线路停电工作，由调度值班员根据工作票安全措施的要求及时向相关发电厂、变电站及用户端下达操作任务和操作命令，当相关发电厂、变电站及用户端完成工作票所要求的安全措施并汇报调度值班员后，由调度工作许可人通知工作负责人。在得到调度值班员许可工作的命令后，工作人员方可对停电设备验电，确无电压后装设接地线，然后布置开工。对于线路工区停、送电联系人统一向调度申请办理停、送电联系的线路工作，由调度根据工作票安全措施的要求及时向相关发电厂、变电站及用户端下达操作任务和操作指令，当相关发电厂、变电站及用户端完成工作票所要求的安全措施并汇报调度后，由调度工作许可人通知线路停、送电联系人，再由停、送电联系人负责通知工作负责人，下达许可工作命令。工作负责人在得到线路停、送电联系人的许可命令后，方可在停电设备上验电，确无电压后装设接地线，然后布置开工。对直接由工作负责人到现场组织工作人员进行部分干线和分支倒闸操作的工作，工作负责人在得到线路工区值班员的许可后，在完成停电操作后，在停电设备上验电，确无电压后装设接地线。工作负责人对全部安全措施进行检查，认为符合工作票要求后，方可布置开工。对直接在现场许可的停电工作，工作许可人和工作负责人应在工作票上记录许可时间并签名。

7. 工作开工

工作负责人得到工作许可人的许可工作命令后，带领工作人员进入工作现场。开工前，工作负责人应根据工作票的要求组织工作班人员完成现场的安全措施。工作负责人、专责监护人向工作班成员交代工作内容、人员分工、带电部位和现场安全措施，进行危险点告知，并履行确认手续，工作班成员方可开始工作。

8. 工作监护

工作票签发人和工作负责人，对有触电危险、施工复杂容易发生事故的工作，应增设专责监护人和确定被监护人的人员，确保工作班全体成员始终在监护之下进行工作。专责监护人不得兼做其他工作。专责监护人临时离开时，应通知被监护人员停止工作或离开工作现场，待专责监护人回来后方可恢复工作。若工作负责人因故需长时间离开工作的现场，应由原工作票签发人变更工作负责人，履行变更手续，并告知全体工作人员及工作许可人。

9. 工作间断

白天工作间断时，工作地点的全部接地线仍保留不动。如果工作班需要暂时离开工作地点，应采取措施和派人看守。恢复工作前，应检查接地线等各项安全措施完整无缺。填写数日内工作有效的电力线路第一种工作票，每日收工时如果将工作地点所装设接地线拆除，次日恢复工作前应重新验电，装设接地线，再开始工作，同时须将每日装、拆接地线的操作人和时间，记入电力线路第一种工作票的备注栏内。对于经调度批准夜间不送电的线路，工作地点的接线可以不拆除，但次日恢复开工前应派人检查确认安全措施完好后，方可开始工作。

10. 工作票有效期与延期

第一种工作票的有效时间，以批准的检修期为限。工作负责人对工作票所列工作任务确认不能按批准期限完成时，第一种工作票需办理延期手续，应在有效时间尚未结束以前由工作负责人向工作许可人提出申请，经同意后给予办理。由工作负责人将延期时间填在工作票延期栏内，工作负责人和工作许可人还应在延期栏内分别签名，并填写延期时间。

11. 工作终结和恢复送电

工作结束后，工作负责人应检查线路检修地段的状况，确认在杆塔上、导线上、绝缘子串上及其他辅助设备上没有遗留的个人保安线、工具、材料等，查明全部工作人员确由杆塔上撤下后，再命令拆除工作地段所挂的接地线。此时工作负责人应及时报告工作许可人，多个小组工作时，工作负责人应得到所有小组负责人工作结束的汇报方可报告工作许可人。工作许可人在接到所有工作负责人的完工报告，并确认全部工作已经完毕，所有工作人员已由线路上撤离，接地线已经全部拆除，方可下令拆除各侧安全措施，向线路恢复送电。

12. 结束工作票

工作负责人带回工作票以后，应向工作票签发人汇报工作情况，并交回工作票。工作票签发人认为无问题时，盖上"已执行"章，并在工作票登记簿内登记，然后将工作票收存。对于由调度部门或工区值班员许可的工作，上联工作票在得到工作负责人的工作终结报告后，即可在工作票"工作终结报告"栏内填上终结报告方式、时间、许可人姓名、工作负责人姓名，此工作票即可盖上"已执行"章，然后存档。

**四、电力线路第二种工作票的执行规定**

（1）电力线路第二种工作票的填写要严格按照电力线路第二种工作票的填写说明，对照线路接线图、现场设备具体情况及《国家电网公司电力安全工作规程（线路部分）》的有关规定认真填写。

（2）第二种工作票，对同一电压等级、同类型工作，可在数条线路上共用一张工作票。

（3）收工时，工作负责人要清点人数和工具，无遗漏时再对现场进行再次认真检查，确认无问题后再通知调度值班员，方可撤离现场。然后工作负责人应向工作票签发人汇报工作，交回电力线路第二种工作票。签发人认为无问题时，在工作票上盖"已执行"章，并在"工作登记簿"上登记后将工作票存档。

**五、电力线路工作票的保存**

已使用过的电力线路第一种工作票、电力电缆第一种工作票、电力线路第二种工作票、电力电缆第二种工作票、电力线路带电作业票、电力线路事故应抢修单保存期为一年。

# 第十三节　低压工作票的使用

不论是低压线路、分支线路还是低压设备的停电工作，均应使用低压第一种工作票。

凡是低压间接带电作业，均应使用低压第二种工作票。

刷写杆号或用电标语、悬挂警告牌、修剪树枝、检查杆根培土等工作，可按口头指令执行。

已使用过的低压第一种工作票、低压第二种工作票应按月装订，保存期为一年。

**一、低压第一种工作票的执行规定**

1. 填写低压第一种工作票

可由工作负责人填写低压第一种工作票。对于大型或较复杂的工作，工作负责人填写工作票前应到工作现场进行实地勘查，根据工作现场实际情况制订安全、技术及组织措施。

2. 工作票签发人签发低压第一种工作票

工作负责人填写工作票并审查无误后交工作票签发人审核，工作票签发人审核无误后在一式两联工作票上签名。工作票签发人和工作负责人各持一联工作票，由工作票签发人按照所填内容逐项向工作负责人进行详细交代，工作负责人在认真核对确无问题后，工作票签发人方可将两联工作票发给工作负责人。

3. 送交和接收低压第一种工作票

工作票签发人应将已签发的工作票在开工前一天交给工作负责人，工作负责人在工作的前一天做好检修工作准备。工作负责人应将已签发的一式两联工作票在工作前一天送交工作许可人。工作许可人在接收工作票后要做认真审核，认为无问题后再根据工作票所填内容做好第二天的停电准备工作。

4. 完成保证安全工作的技术措施

（1）停电。工作地点需要停电的设备，应把所有相关电源断开，每处应有一个明显断开点。断开开关的操作电源，刀开关操作把手应制动。用户有自备电源的，应采取防反送电措施。

（2）验电。在停电设备的各个电源端或停电设备的进出线处，应用合格的相应电压等级的专用验电笔进行验电。验电前应先在带电设备上进行试验。检修开关、刀开关或熔断器时，应在端口两侧验电。杆上电力线路验电时，应先验下层，后验上层；先验距人体较近的导线，后验距人体较远的导线。

（3）挂接地线。经验明停电设备两侧确无电压后，应立即在检修设备的工作点（段）两端导体上挂接地线。断开引线时，应在断开的引线两侧挂接地线。凡有可能送电到停电检修设备上的各个方面的线路，都要挂接地线。

（4）装设遮栏和悬挂标示牌。

5. 办理工作许可手续

工作负责人未接到工作许可人许可工作的命令前，禁止进行任何工作。工作许可人完成工作票所列安全措施后，应立即向工作负责人逐项交代已完成的安全措施，对邻近工作地点的带电设备部位，应特别交代清楚。当所有安全措施和注意事项交代、核对完毕后，工作许可人和工作负责人应分别在一式两联的工作票上签字，由工作许可人写明工作开始时间，此时，工作许可人即可发出许可工作的命令。若工作票上的停电时间为跨日工作的，每日工作开始与工作终结，均应履行工作票中"工作开始和工作终结许可"手续。即每日完工，由工作负责人和工作许可人共同在工作票的工作开始和工作终结许可栏内签名，由工作许可人在工作开始和工作终结许可栏填写终结时间，然后，工作许可人将工作负责人持有的工作票收回。次日工作开始前，工作许可人与工作负责人到工作现场对照工作票中所列安全措施重新检查，确认安全措施完整无误后，由工作许可人向工作负责人交代安全措施、保留的带电部位及其他安全注意事项，当所有安全措施和注意事项交代、核对完毕后，工作许可人和工作负责人应分别在一式两联工作票的工作开始和工作终结许可栏上签字，由工作许可人填写工作开工时间后，将一式两联工作票中的一联工作票交给工作负责人，工作负责人方可下令开始工作。

工作负责人接到工作许可命令后，应向全体工作人员交代现场安全措施、带电部位和其他注意事项，并询问是否有疑问。工作班全体成员确认无疑问后，应在工作票签名栏签名。

6. 工作监护和现场看守

工作期间，工作监护人应始终在工作现场，认真监护工作人员的工作，及时纠正违反安全的行为。工作负责人如需长期离开现场，应办理工作负责人更换手续。更换工作负责人应经工作票签发人批准，并设法通知全体工作人员和工作许可人，履行工作票交接手续，同时在低压第一种工作票"需记录备案内容"栏或低压第二种工作票"备注"栏内注明。

7. 工作间断

在工作中如遇雷、雨、大风或其他情况并威胁工作人员的安全时，工作负责人可下令临时停止工作。如果属于临时工作间断，工作地点的全部安全措施仍应保留不变，工作人员离开工作地点时，要检查安全措施，必要时应派人看守。如果属于填用数日内有效的低压第一种工作票，当日工作完毕次日再次开始工作的，线路所装设接地线等安全措施可以由工作许可人拆除，次日工作前重新设置。如果当日工作完毕，夜间需要恢复送电者，工作班应做好送电准备，工作许可人在拆除安全措施后恢复送电，次日工作开始前重新进行停电及设置安全措施。在工作间断时间内，任何人不准私自进入现场进行工作或碰触任何物件。恢复工作前，应重新检查各项安全措施是否正确完整，然后由工作负责人再次向全体人员说明，方可进行工作。如果工作人员有疑问应及时提出，应认真检查安全措施的完备性。每天工作开始与结束，均应在低压第一种工作票中办理履行许可与终结手续。每天工作结束后，工作负责人应将工作票交工作许可人，工作票由工作许可人保存。次日工作开始时，工作许可人与工作负责人履行完工作手续后，工作许可人再将工作票交还工作负责人。

8. 工作终结、验收和恢复送电

全部工作完毕后，在对所进行的工作实施竣工检查和内部验收后，工作负责人方可命令所有工作人员撤离工作地点，并检查工作人员确无物件遗漏在设备上，由工作负责人向工作许可人报告全部工作结束。工作许可人接到工作结束的报告后，会同工作负责人到现场检查验收工作任务完成情况。经工作许可人与工作负责人验收确无缺陷和遗留的物件且工作质量合格，由工作许可人在工作票上填写工作终结时间，工作许可人与工作负责人双方在工作票上签名，工作票即告终结。工作票终结后，工作许可人即可拆除所有安全措施，然后恢复送电。

**二、低压第二种工作票的执行规定**

（1）低压第二种工作票的签发、工作许可的办理、工作监护、工作终结可参照低压第一种工作票的执行规定。

（2）低压第二种工作票的其他注意事项：

1）在低压间接带电作业中，要求工作人员在进行间接带电作业时应穿着长袖衣服和绝缘鞋，戴绝缘手套、安全帽，使用有绝缘手柄的工具。

2）更换户外式熔断器的熔丝或拆搭接头时，应在线路停电后进行。

# 第十四节　工作票的管理规定

**一、工作票的统计整理**

已执行的、作废的工作票和未使用的工作票，应分别存放，不得遗失。对于已执行及作废的工作票，保存时间应为一年。生产班组应在每月规定日期前将上月工作票按顺序分类整理装订审核，做好班组工作票合格率的计算，工作票种类、工作票号码的统计，最后填写班组《月度工作票执行情况统计表》，由班组安全员、班组长分别审核签名后报送车间安全员。车间安全员应在每月规定日期前将生产班组报送的上月工作票按顺序整理装订审核，做好车间工作票合格率的计算，工作票种类、工作票号码的统计，最后填写车间《月度工作票执行情况统计表》，由车间安全员、车间负责人分别审核签名后，将车间《月度工作票执行情况统计表》报送供电公司安监部门，同时将工作票原始资料归档保存，以备检查。

**二、工作票检查**

生产班组每月要对本班组的工作票执行情况进行全面检查、统计、汇总、分析，指出存在问题和改进措施，对于工作票检查中发现的不合格项要提出班组考核意见。车间领导、安全生产管理人员要经常深入工作现场检查指导安全生产工作。车间主管运行、检修的工程技术人员和车间安全管理人员对已执行的工作票要进行检查，车间领导对已执行的工作票要进行检查，凡是检查出的问题均应作好记录，提出改进措施，对于工作票检查中发现的不合格项要提出车间考核意见。供电公司领导、生技管理人员、安监管理人员要经常深入工作现场检查指导安全生产工作，按分工每月抽查车间已执行的低压工作票、变电工作票和线路工作票，抽查后均应在车间《月度工作票执行情况统计表》上签名，并指出问题，对于工作票检查中发现的不合格项要提出公司考核意见。

**三、工作票的考核**

1. 工作票考核

在填写和执行工作票过程中出现下列情况之一为不合格项，要进行考核：

（1）工作票无编号、编号混乱或漏号。

（2）需办理工作票而未办理就开始工作。

（3）无票工作，事后补票。

（4）一式两联工作票其上、下联编号不同。

（5）一个工作负责人手中有两张及以上工作票，或一个工作班成员在同一时间内参加两张及以上工作票的工作。

（6）工作地点、工作任务设备名称填写与现场不相符或填写不明确，有遗漏，未使用设备双重编号。

（7）多个班组在同一份第一种工作票中工作，工作班组数与各班组负责人数不对应。

（8）未按规定填写工作班人员或填写的人员与实际不对应。

（9）计划工作时间、许可开始工作时间、工作终结时间、收到工作票时间等时间填错、时间未填写或与实际不符。

（10）工作票中工作票签发人、工作许可人、工作负责人、值班负责人未签名、代签名或签错名。工作票签发人兼任该项工作的工作负责人。

（11）停电范围未注明起、止杆号。

（12）安全措施不正确、不具体、不完善。如拉开的断路器、隔离开关不全，装设的接地线、遮栏、标示牌未注明装设地点或数量不足，填写的已装设接地线未注明编号等。

（13）工作现场布置的安全措施与工作票的填写内容、检修内容不相符。

（14）工作现场布置或拆除的安全措施与安全规定要求不相符。

（15）没有得到工作许可人许可开始工作命令就擅自开始工作。

（16）没有核对线路名称、杆号、色标就登杆工作。

（17）安全措施未布置就开始工作。

（18）工作地段未装设接地线就开始工作。

（19）工作票签发人、工作许可人填写工作票的内容不正确而延误开工时间。

（20）工作地点保留带电部分和补充安全措施未写明停电设备上、下、左、右第一个相邻带电间隔和带电设备的名称和编号。

（21）工作地段邻近、平行、交叉或同杆架设的带电线路，未注明带电设备或附图标示不清。

（22）工作许可人和工作负责人未按《国家电网公司电力安

全工作规程》等相关的要求办理工作许可手续，检修人员已开始工作。

（23）转移工作地点时，工作负责人未向工作人员认真交代有关安全事项。工作终结时，未按要求将设备恢复到检修前状态。

（24）工作期间工作负责人未按要求将下联工作票随身携带。

（25）工作中因工作人员违反《国家电网公司电力安全工作规程》而造成事故、障碍、重伤、轻伤。

2. 工作票的合格率计算要求

$$工作票合格率 = \frac{已执行正确的工作票份数}{应统计的工作票份数} \times 100\%$$

应统计的工作票份数是包括已执行的和不符合《国家电网公司电力安全工作规程》等相关安全规程、规定所填写和执行的工作票份数。已执行正确的工作票份数，应当从应统计的工作票份数中，减去不符合《国家电网公司电力安全工作规程》等相关安全规程、规定所填写和执行的工作票份数。

# 第七章

# 习惯性违章控制

## 第一节 习惯性违章及表现形式

### 一、习惯性违章及其危害

所谓习惯性违章，就是指那些固守旧有不良作业传统和工作习惯，违反安全工作规范的行为。这是一种长期沿袭下来的违章行为，不是在一群人而是在几群人身上反复发生，是经常表现出来的违章行为。它实质上是一种违反安全生产工作客观规律的盲目行为方式，由于没有认识或随心所欲，习以为常，习惯成自然，因而危害性极大。

习惯性违章不是小事，而是关系到安全生产的大事。有的员工认为，"戴不戴安全帽，扎不扎安全带，只是小事一桩，不必小题大做"，因而对严格管理有反感。事实上，这些"小事"直接关系到个人的生命安危。在作业中违反安全规程的操作方式，往往成为事故的直接诱因，不仅危及人身安全和设备安全，还会妨碍电力生产。因此，违章无小事，对一切习惯性违章行为，都要切实加以纠正。

习惯性违章是有章不循、明知故犯的行为。行为者往往既熟知安全规程，又懂得其做法的危害性，但在实际行动中，不顾规程和危害，按自己认为可行的方式办事。这种行为严重削弱了安全规程的权威性和严肃性。

习惯性违章是反复出现的违章行为，消极影响很大，特别是发生在老工人和领导者身上的习惯性违章行为，会造成潜移默化的消极影响。有的新员工看到老工人不按规程的规定随意作业，既省事又没事，也会跟着这么做；有的员工看到领导也有章不循，随意指挥，就会跟着学、照着做。这样一代传一代，使习惯性违章影响面之宽、影响力之长、所造成的危害之大不可低估。

对习惯性违章行为，由于人们看得多了习以为常，根本没把它当回事，久而久之，对那些不正确的行为习惯就失去了警惕。

据统计，电力行业有 70%～80% 的人身伤亡事故是习惯性违章造成的，而且有惊人的相似之处。某些单位现在发生的事故，在过去曾发生过，造成事故的原因也基本相同，即习惯性违章。可见，习惯性违章与事故之间已构成因果关系。换句话说，习惯性违章是造成事故的一大根源，一些事故是习惯性违章的必然结果。事实也正是如此，有的单位对一些习惯性违章现象长期不根除，行为者麻木不仁，不顾其危害和后果，直至造成事故，方才醒悟，悔恨万分。

**二、习惯性违章的类型及表现形式**

习惯性违章主要体现在两个方面：一是违章操作或违章作业；二是违章指挥。前者主要来自直接作业人员；后者往往来自各级管理人员。

（一）习惯性违章作业的类型及表现形式

习惯性违章作业因作业类型、人员安全意识、人员素质及知识水平等不同而有多种表现形式，应根据作业特点及人员情况，及时发现、总结习惯性违章特点及主要表现形式，同时借鉴人们已经总结的一些常见违章作业表现形式，有针对性地加以预防。下面介绍一些较为典型违章作业表现形式。

1. 电气作业习惯性违章表现形式

（1）无操作票操作、无工作票工作。简单作业应开而不开工作票。

（2）执行操作票不进行"四对照"（对照设备位置、编号、名称、拉合方向）。

（3）不按工作票要求一次性做好安全措施；工作许可人和工作负责人不共同到现场检查、交代安全措施执行情况，就许可工作。

（4）擅自扩大工作范围，超出工作票上规定的工作范围工作。

（5）作业现场没有做到"四到位"和"四清楚"。

（6）工作班成员未撤离工作现场，甚至还在工作，就提前办理工作终结手续。

（7）电气作业开工前不列队宣读工作票。

（8）倒闸操作不在模拟板上预演，不带票，不唱票、不复诵，不认真核对设备，倒闸操作任务结束后一次性打勾代替核对。

（9）不按规定验电、挂接地线。

（10）变压器停电作业不通知用户减负荷，不停二次隔离开关就拉开一次跌落式熔断器，不验电、不挂接地线。

（11）停、送跌落式熔断器分相操作顺序不正确。

（12）同杆架设双回线一回停电作业，登杆时不核对设备名称或颜色标志。

（13）线路停电后，不验电就穿越线路导线。

（14）线路巡视不正点、不到位，不按巡视路线走，检查不细。

（15）试验接线不认真复查或不复查。

（16）现场工作负责人、监护人不到位，负责人临时离开现场，未临时委托能胜任的人员代替且未通知全体工作人员。

（17）雇用的临时工、油漆工等自由出入电气作业场所，而未按有关规定履行手续，且又无人监护。

（18）登杆前不核对线路名称和杆号就盲目登杆。

（19）登杆前不检查 3m 划线、杆子埋深及拉线牢固程度，盲目登杆。

（20）线路工作挂接地线前不验电。

（21）工作票未经许可，工作人员就进入施工现场登杆或做其他违章的准备工作。

（22）还未等工作人员全部下杆就提前拆除接地线。

（23）现场工作不按要求设专职监护人，监护中有脱离行为。

（24）工作班负责人对工作班中情绪激动、家庭纠纷和明显精神状态异常的成员不闻不问。

（25）单人巡线时，发现缺陷，擅自登杆（塔）检查，又不注意安全距离。

（26）立杆、紧线、放线等大型作业缺乏现场勘察，无统一信号，无专人指挥。

（27）工作班人员为检修工作方便，擅自变更、拆除安全措施。

（28）高压试验时不临时装设围栏、标示牌，加压过程无专人监护和呼唱。

（29）擅自改变操作票顺序，不按操作票顺序操作。

2. 工器具使用习惯性违章的表现形式

（1）使用不合格的起重工具和绝缘工具。

（2）不熟悉使用方法，擅自使用喷灯。

（3）忽视检查，使用带故障的电气用具。

（4）脚手架不按规定敷设立栏、斜（横）撑，不满铺竹片，不检验挂牌，不注明承载能力。

（5）使用带缺陷的梯子或底部无防滑装置的梯子进行高空作业。

3. 高处作业习惯性违章的表现形式

（1）高处作业随便抛掷物件和工具。

（2）高处作业不系安全带或将安全带挂在可能移动、被割拉断的物体上，不戴安全帽，不穿绝缘鞋，不用传递绳。

（3）把安全带挂在不牢固的物件上。

（4）上爬梯不注意逐挡检查。

（5）利用吊物上升或下降，立足不稳，从吊物上坠落而受到伤害。

（6）在不坚固的结构上侥幸工作。

4. 其他作业习惯性违章的表现形式

（1）工作前或值班中喝酒。

（2）着装不合劳动保护要求。

（3）不按工种要求着装和佩戴安全用具，如高压试验不戴绝缘手套，二次回路作业不穿绝缘鞋，使用砂轮时不戴防护眼镜等。

（4）在油库、危险品库等易燃、易爆区域违章动火吸烟。

（5）随意动用防火用具。

（6）运行值班岗位，随意离岗、睡岗。

（7）无特种作业证的人员从事特种作业。

（8）未经班长或领导同意擅自私下调班、连班。

（9）遇有电气设备火情或人员触电时，不先切断电源就急忙进行抢救。

（10）车辆客货混装时，对工具材料不采取加固或隔离措施。

（11）司机在行车途中随意与乘车人交谈，吸烟，听收音机。

（12）起动、超车时不打转向灯或鸣喇叭示意。

（二）习惯性违章指挥的含义及表现形式

习惯性违章指挥可分狭义和广义两层含义。狭义的习惯性违章指挥指负责人在指挥工作的过程中违反安全规程的要求，按不良的传统习惯进行指挥的行为；广义的习惯性违章指挥指决策人在决策过程和施行过程中，违反安全规程的要求，按不良的传统习惯进行决策和施行的行为。

习惯性违章指挥的主体上至企业法人代表，下至工作负责人、班组长等。他们的共同点是，在一定的层面上或在某个特定的环境中，此类人群是事件实施方法的最终决策者。例如，法人及企业高层管理人员决策企业的安全管理体制、实施办法及重要项目的安全管理等，班组长决定现场事故的应急处理办法，工作负责人决定施工现场的临时安全措施等。

习惯性违章指挥的表现形式如下：

### 1. 盲目指挥

负责指挥或决策人员不主动学习安全规程，安全意识淡薄，安全知识匮乏。有的决策者在决策时对安全问题根本不予考虑或只是形式上的简单考虑，这是安全意识淡薄的表现。有的决策者在决策时也考虑安全，但对于怎样决策才安全，有哪些具体可行的措施等却是一片茫然。这是安全知识不足的表现。

### 2. 冒险指挥

违章指挥所引发的事故中，有些是行为人为了完成上级下达的任务，不顾安全而强行抢工抢时抢任务造成的。

### 3. 越权指挥

有些人在指挥过程中，对自己的指挥权限不清，或者故意越权指挥。如在进行检修作业时，应当获得工作许可人的工作许可后方可进行作业，如果工作负责人没有获得工作许可就开始指挥班组成员开始作业，实际上是代行了工作许可人的权限，那么就构成了越权指挥。

### 三、习惯性违章的特点

习惯性违章有许多特点，但归结起来主要有以下四点：

（1）顽固性。习惯性违章是由一定的心理定势支配的，并且是一种习惯性的动作方式，因而它具有顽固性、多发性的特点，往往不易纠正。

（2）潜在性。一些习惯性违章行为往往不是行为者有意所为，而是习惯成自然的结果。而对习惯性违章行为，由于人们看得多了，习以为常，所以根本没把它当回事，"身在险中不知险"，容易使人对违章现象丧失警惕性。

（3）传染性。通过对现有一些职工存在的习惯性违章行为的分析，他们身上的一些"不良习惯行为方式"，不是他们自己"发明"的，而是从老职工身上"学来"的，看到老职工违章操作"既省力、又没出事"，自己也盲目地仿效，而且又用自己的习惯性行为方式去影响新的职工。这些不良的习惯性行为方式如不彻底根除，必然导致一脉相传，代代如此。

（4）排他性。有些习惯性违章的工人，对安全规程根本学不进，不遵守，总以为自己的习惯性方式"最管用"，而安全规程则是"可有可无的东西"，其结果必然严重地妨碍安全规程的贯彻执行。

## 第二节　支配习惯性违章的心理因素和易发生习惯性违章的情形

### 一、支配习惯性违章的心理因素

人的行为是受思想活动支配的，习惯性违章的行为也是受不良的思想活动所支配。支配习惯性违章行为的心理因素主要有以下几种表现：

（1）侥幸心理。侥幸心理是许多习惯性违章人员的一种普遍心态。这些人员不是不懂安全操作规程，缺乏安全知识，也不是技术水平低，而多数是"明知故犯"。在他们来看，"违章不一定出事，出事不一定伤人，伤人不一定伤我"，这实际上是把出事的偶然性绝对化了。在实际作业现场，以侥幸心理对待安全操作的人，时有所见。例如：某项作业应该采取安全防范措施而不采取；需要某种持证作业人员协作的而不去邀请，指派无证人员上岗作业；该回去拿工具的不去拿，就近随意取物代之等。

（2）安全意识淡薄。这类习惯性违章人员通常会在作业过程中忽略安全问题，对作业过程中存在的安全问题意识不到，更谈不上有足够的认识。安全意识淡薄有着多层次的原因，从大的方面而言可能是企业的安全教育不够，企业没有良好的安全文化氛围，员工感受不到企业和班组重视安全的信息。另一方面也有员工自身的原因。有些员工天生"胆大"，乐于冒险，天性不喜欢照章办事，这也是今后在进行安全管理时不可忽略的一个客观方面。此外，有些人虽然明白安全规章与规程的重要性，天性也不习惯冒险，但对违规可能造成的后果认识不够具体、深刻，久而久之，也就淡化了对规章规程的重视，因而也就淡化了安全意识，其最终结果自然是习惯性违章。

（3）自以为是。总以为自己有经验、有能力防止事故的发生，相信不良的传统或习惯做法。对未造成事故的习惯性违章经历非但不以为耻，反以为荣，在人前吹嘘，甚至争抢好胜，不顾后果地蛮干、胡干。有这种心理状态的人在安全规程面前"不信邪"，在领导面前"不在乎"，把群众提醒当成"耳边风"，把安监人员视为"找麻烦"。盲目自信，自以为是绝对安全，我行我素。这种违章一旦发生事故，必然会造成极其严重的后果。

（4）缺乏安全知识，不知不觉违章。对正在进行的工作、应该遵守的规章制度根本不了解或一知半解，工作起来凭本能、热情和习惯。对用生命和血的教训换来的安全操作规程知之甚少，因而出事的可能性就大。实际中就有这样的例子：

两位试验人员在对高压断路器进行介质损耗试验时，因为一点小事打乱了自己的工作。工作负责人在离开试验现场时，只是简单地告诉另外一名工作人员不要单独操作，并没有做好相关的安全措施，更没有拉掉电源，另外一名工作人员为了能早点结束工作任务，就一个人独自开展试验，导致触电身亡。这位工作人员缺乏安全知识，在不知不觉中违章操作，用生命的代价再次为安全规程画上了沉重的惊叹号。

（5）求快图省事。其主要表现是：为了赶进度，早下班，早休息，人为地改变或缩减作业程序。一时求快图省事，往往带来不堪设想的后果。

（6）单纯地追求金钱。由于单纯追求金钱的思想作怪，擅改施工方案，偷工减料，只求进度，不顾质量和安全。因此，在实行经济收入与工作任务直接挂钩的情况下，单纯追求金钱的思想，常常是导致习惯性违章行为的较为普遍的思想因素。

**二、易发生习惯性违章的情况**

1. 易发生习惯性违章的时机和场所

（1）企业安全管理松懈、制度松弛的时候。

（2）节假日前后。

（3）在时间紧，任务重，特别是工作量超出职工实际承受能力时。在这种情况下按照安全规程规定的程序和要求去做，势必耽误时间，影响进度。于是，干活中绞尽脑汁，"找窍门"、"走捷径"，有意无意地改变甚至简化正常的作业程序，因而形成习惯性违章。

（4）在作业环境艰苦之时。

（5）即将下班或作业收尾阶段。由于思想上有期盼早下班，早点休息的想法，造成工作精力集中不起来，而导致违章作业。

（6）开展竞赛赶超任务时，为压倒对方，因而把"安全第一"置于脑后。

（7）在单独分散执行任务时。离开了集体，放松了对自己的要求，有人以为"即使违章，也没让领导看见，不会受处罚。"

2. 部分有经验的工人易发生习惯性违章

（1）自认为"有一套"，麻痹大意干惯了、看惯了、习惯了忽视安全。

（2）有些工人的经验多停留在感性认识阶段，带有很大的片面性和局限性。自认为有经验，很容易导致习惯性违章。

（3）有些老工人的"经验"本身便是习惯性违章做法。

（4）有的老工人的"经验"是已经过时的操作方式。

（5）因为盲目地固守已有的经验，而不认真学习和执行的安全规程，很容易导致习惯性违章行为。

## 第三节　习惯性违章预防与控制

预防和纠正习惯性违章是一项长期而艰巨的任务，关键在于各级领导，重点在于基层班组，中心环节在于抓好安全教育，并要长期树立预防习惯性违章人人有责的意识。防止习惯性违章的措施主要有以下六项：

### 一、更新理念，提高认识

由安全心理学可知，员工习惯性违章的不良行为是头脑中不重视安全思想支配的结果。因此，结合已经发生过的事故案例，上级颁发的安全通报和安全简报，运用现代安全管理理论，积极开展员工安全教育，让员工从思想上真正树立起牢固的"安全第一，预防为主"、"安全法规制度化"、"安全以人为本管理"等理念，铲除日常习惯性违章的恶劣思想根源，从思想深处认清习惯性违章的实质就是违反安全工作规程，其结果是偶然违章虽然不一定出事故，但是，事故风险急剧增高，极易发生事故。

**二、认真排查习惯性违章行为并制定习惯性违章措施**

对存在的习惯性违章行为，要进行认真细致排查。特别要防止走过场，只将上级要求重点消除的习惯性违章行为贴在墙上，应付上级检查，实际工作中却没有认真结合自己的问题排查，既查不到这方面材料，班组成员也讲不清违章有哪些内容。要吸取兄弟单位的事故教训，排查本单位有无类似习惯性违章。

**三、认真监护，不走过场**

工作安全监护是防止习惯性违章最有效的方式。供电企业无论是运行操作，还是检修工作，都规定有专责安全监护人。但在实际工作中，安全监护人从思想中或多或少地轻视监护的重要性，无意或有意地去做操作人的工作，忘记了自己的责任，失去了安全监护的作用。这种现象在生产实际中普遍存在，影响了安全监护的质量，是一种潜在的不安全因素，也是一种习惯性违章。所以，必须加强安全监护制，提高员工的安全意识，切实履行安全监护责任，纠正监护中的不良行为，更有效地防止作业性违章。

**四、开展标准化作业和科技进步活动**

发生违章，大多是员工在具体操作过程中随意性比较大，凭着经验甚至感觉去干，这样必然会挂一漏万，发生差错。开展标准化作业，就是把所从事的作业任务，从计划、准备、实施直到结束，操作的每一步骤、每一环节都以规程的形式把它规定下来，制定具体的、标准的操作程序，在生产工作中执行。这种操作的规程化、标准化、程序化，可以减少人员工作上的随意性、盲目性，防止习惯性违章的发生。

**五、对习惯性违章要进行严格考核与处罚**

安全工作中"严"是爱，"松"是害。《关于安全工作的决定》和《国家电网公司电力生产安全工作规定》中，都要求对发生责任性事故的单位和个人实行重罚，通过惩处少数人起到教育大多数人的作用。同时，必要的处罚是保障安全规章制度实施，建立安全生产秩序的重要手段。要做到"两个百分之百"，即对违章百分之百登记并上报，对违章者百分之百按规定扣奖金或罚款，并要做到公正公开、不偏不袒，即使被罚的是领导或生产骨干，也要照规定办。还要对长期遵章守纪，督促别人认真反习惯性违章，消除事故隐患，避免事故发生的人员，提出表彰奖励，做到赏罚分明。

**六、加强安全文化建设、培养良好作业习惯**

安全文化可以对人的安全行为产生无形的影响，它在无形中鼓励人们自觉遵守安全规章与规程，并养成良好的作业习惯。虽然与其他措施相比见效慢，但其一旦发挥作用，效果即具有持久性。

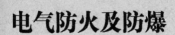

# 第八章

# 电气防火及防爆

## 第一节 消防基本知识

### 一、消防工作的概念和意义

消防系指包括防火与灭火在内的专门工作。"消防"是预防和扑救火灾的总称,它的主要任务是同火灾作斗争。

消防工作是国民经济和社会发展的重要组成部分,是发展社会主义市场经济不可缺少的保证条件。消防工作直接关系人民生命财产安全和社会稳定,做好消防工作是国家建设的需要,人民安全的需要,是全体社会成员的共同责任。全社会每个行业、每个部门、每个单位甚至每个家庭,都有预防火灾、确保防火安全的消防责任。因此,全社会各部门、各行业、各单位以及企业职工,都要高度重视并认真做好消防工作,认真学习并掌握基本的消防安全知识,共同维护公共消防安全。

### 二、消防工作的方针

消防工作应贯彻"预防为主,防消结合"、"以防为主,以消为辅"的方针。

### 三、消防工作的原则

消防工作的原则是专门机构与群众相结合的原则,即"谁主管,谁负责;谁在岗,谁负责"的原则,并由公安消防部门负责实施监督。

### 四、消防工作的任务

消防管理工作的总任务,就是要根据社会主义经济发展规律和新时期经济建设的新情况、新特点,适应市场经济发展的需求来决定消防管理的总目标,坚持"预防为主,防消结合"的方针,依靠各级党政领导,充分发动群众,进行严格管理,实行科学管理、依法管理,更有效地防止和减少火灾危害,保卫社会主义现代化建设和公民财产的安全。具体地说，消防管理的任务是：

（1）建立健全各级消防管理机构，选择、考核、培养各种消防管理人员。

（2）制订消防工作计划，选择并决定近期或远期消防管理的目标。

（3）开展消防宣传教育，普及消防知识，动员每个社会成员参加消防管理活动。

（4）研究利用最少的人力、物力、财力、时间，采取现代化的科学方法，为社会提供最佳消防安全环境。

（5）建立健全消防法规、规章制度、实行依法管理。

（6）对基层消防工作进行监督、检查、控制、协调和指导。

**五、消防与治安管理处罚条例及刑法**

1. 《治安管理处罚条例》中有关消防内容的条文

在《治安管理处罚条例》第 26 条中，有关消防管理的八项规定指出：违反消防管理、有下列第（1）项至第（4）项行为之一的，处 10 日以下拘留、100 元以下罚款或者警告；有第（5）项至第（8）项行为之一的，处 100 元以下罚款或者警告：

（1）在有易燃易爆物品的地方违反禁令，吸烟、使用明火的；

（2）故意阻碍消防车通行、消防艇航行或者扰乱火灾现场秩序，尚不够刑事处罚的；

（3）拒不执行火场指挥员指挥，影响灭火救灾的；

（4）过失引起火灾，尚未造成严重损失的；

（5）指使或强令他人违反消防安全规定而冒险作业，尚未造成严重后果的；

（6）违反消防安全规定而占用防火间隔，或者搭棚、盖房、挖沟、砌墙堵塞消防车通道的；

（7）埋压、圈占或者损坏消火栓、水泵、蓄水池等消防设施，或者将消防器材、设备挪作他用，经公安机关通知不加以改正的；

（8）有重大火灾隐患，经公安机关通知不加改正的。

2. 刑法中有关消防内容的条文

刑法第 109 条：破坏电力、煤气或者其他易燃、易爆设备，危害公共安全，尚未造成严重后果的，处 3 年以上、10 年以下有期徒刑。

刑法第 111 条：破坏交通工具、交通设备、电力煤气设备、易燃、易爆设备造成严重后果的，处 10 年以上有期徒刑、无期徒刑或者死刑。

刑法第 115 条：违反爆炸性、易燃性、放射性、有毒性、腐蚀性物品的管理规定，在生产、储存、运输、使用中发生重大事故，造成严重后果的，处 3 年以下有期徒刑或者拘役；后果特别严重的，处 3 年以上、7 年以下有期徒刑。

## 第二节　防火与灭火的基本知识

### 一、燃烧的概念

燃烧一般是指某些可燃物质在较高温度时，与空气（氧）或者其他氧化剂进行剧烈化合而发生的放热发光现象。

燃烧是一种很普遍的现象，但燃烧也不是随便发生的，它必须具备三个条件：

（1）要有可燃物质。不论固体、液体、气体，凡能与空气中的氧起剧烈反应的物质，都是可燃物质。

（2）要有助燃物质。凡能帮助和支持燃烧的物质都叫助燃物质。

（3）要有火源。凡能引起可燃物质燃烧的热能均可作为火源。

### 二、完全燃烧

完全燃烧必须具备以下条件：

（1）要有足够的氧化剂，及时供给可燃物进行燃烧。

（2）维持燃烧中心温度高于燃烧的着火温度，保证燃烧持续进行而不至于中断。

（3）要有充分的燃烧时间。

（4）燃烧与氧化剂混合得非常理想。

### 三、火警与火灾

（1）失火后能及时扑救而未成灾，这种失火叫火警。

（2）火灾是一种造成国家、集体和人民财产损失，以及危及人民生命安全的失火危害。

### 四、火灾（等级）标准

（1）特别重大火灾：造成 30 人以上（含本数，下同）死亡，或者 100 人以上重伤，或者 1 亿元以上直接财产损失的火灾。

（2）重大火灾：造成 10 人以上 30 人以下死亡，或者 50 人以上 100 人以下重伤，或者 5000 万元以上 1 亿元以下直接财产损失的火灾。

（3）较大火灾：造成 3 人以上 10 人以下死亡，或者 10 人以上 50 人以下重伤，或者 1000 万元以上 5000 万元以下直接财产损失的火灾。

（4）一般火灾：造成 3 人以下死亡，或者 10 人以下重伤，或者 1000 万元以下直接财产损失的火灾。

### 五、火灾报警要点

首先要熟记当地火警电话号码和本厂（公司、工区）火警号码；电话打通后应沉着冷静，向火警台讲清：①火灾地点；②火势情况；③燃烧物和大约数量；④报警人姓名及电话号码。在报警的同时，还要组织人员灭火。

### 六、爆炸

爆炸是指物质发生剧烈的物理或化学反应，且反应速度不断急剧增加，并在极短的时间内放出大量的能量，产生高温、高压气体，使周围空气猛烈震荡并伴有巨大声响的现象。

### 七、爆炸极限

可燃物质与空气均匀混合形成爆炸性混合物，其浓度达到一定的范围内时，遇到明火或一定的引爆能量立即发生爆炸，这个浓度范围称为爆炸极限（或爆炸浓度极限）。形成爆炸混合物的最低浓度称为爆炸浓度下限，最高浓度称为爆炸浓度上限，上、下限之间称为爆炸浓度范围。

### 八、火灾发生的原因

1. 有火源

（1）直接火源。

1）明火。通常指生产用的喷灯、灯火、焊火以及火柴、打火机、烟头、撞击或摩擦产生的火星、烟窗或机动车辆排气管冒出的火星以及烧红的电炉、电加热器等。

2）电火花。指电气开关、电动机、变压器等电气设备产生的电火花，还有静电火花。这些火花也能引起易燃气体和质地疏软纤细的易燃物起火。

3）雷击。雷击是瞬间的高压放电，能引起任何可燃物质的燃烧。

（2）间接火源。

1）加热自燃起火。就是由于外部热源的作用，把可燃物加热到该物质的起火温度而起火。

2）本身自燃起火。指既无明火，又无外来热源的条件下，物质本身自行发热燃烧起火。

2. 思想、管理上的原因

（1）领导重视不够，缺乏必要的安全规章制度或制度执行不严，缺乏定期的安全检查以及经常的教育工作。

（2）操作人员责任心不强，思想麻痹，违章作业或缺乏安全操作知识，不懂防火、灭火知识。

（3）设计或工艺方法不妥当，不符合防火安全技术要求。

### 九、火灾分类

（1）一类：普通固体可燃物质，如木材、纸张等（燃烧后为炭）引起的火灾。水是这类火灾最好的灭火剂，可用一般泡沫灭火器。

（2）二类：易燃液体和液化固体，如各种油类、有机溶剂、石油制品、油漆等引起的火灾。对二类火灾最好使用 1211 灭火剂，还可使用二氧化碳、泡沫、干粉灭火器。

（3）三类：气体，如煤气、液化石油气等引起的火灾。对三类火灾一般使用 1211、干粉、二氧化碳灭火器。

（4）四类：可燃金属，如钾、钠等引起的火灾。对四类火灾应使用专用的轻金属灭火器。

**十、防火的基本方法**

根据物质燃烧的原理和灭火实践经验，防止火灾的基本方法有控制可燃物、隔绝空气、消除着火源、阻止火势及爆炸波的蔓延四种，其原理和施用方法举例见表 8-1。

表 8-1　　　　　　　　四种防火方法

| 防火方法 | 防火原理 | 施用方法举例 |
|---|---|---|
| 控制可燃物 | 破坏燃烧的基础，或缩小燃烧范围 | （1）限制单位储运量；<br>（2）加强通风，降低可燃气体含量，使粉尘的浓度在爆炸下限以下；<br>（3）用防火漆涂料浸涂可燃材料；<br>（4）及时清除撒漏在地面或染在车船体上的可燃物等 |
| 隔绝空气 | 破坏燃烧的助燃条件 | （1）密封有可燃物质的容器设备；<br>（2）将钠存放在煤油中，黄磷、二硫化碳存放在水中，镍储存在酒精中等 |
| 消除着火源 | 破坏燃烧的激发能源 | （1）危险场所禁止吸烟、穿带钉子的鞋、用油气灯照明，应采用防爆灯及开关；<br>（2）经常润滑轴承，防止摩擦生热；<br>（3）玻璃涂白漆，防日光直射；<br>（4）接地防静电；<br>（5）安避雷针防雷击等 |

| 防火方法 | 防火原理 | 施用方法举例 |
|---|---|---|
| 阻止火势、爆炸波的蔓延 | 不使新的燃烧条件形成，防止火灾扩大，减少火灾损失 | (1) 在可燃气体管路上安装阻火器、安全水封；<br>(2) 有压力的容器设备装防爆膜阀、安全阀；<br>(3) 在建筑物之间留防火间距，筑防火墙；<br>(4) 危险货物车厢与机车隔离 |

## 十一、灭火的基本方法

一切灭火措施，都是为了破坏已经燃烧的某一个或几个燃烧必要条件，从而使燃烧停止。灭火的基本方法见表8-2。

表8-2             **灭火的基本方法**

| 灭火方法 | 灭火原理 | 施用方法举例 |
|---|---|---|
| 隔离法 | 使燃烧物和未燃烧物隔离，限定灭火范围 | (1) 搬迁未燃烧物；<br>(2) 拆除毗邻燃烧处的建筑物、设备等；<br>(3) 断绝燃烧气体、液体的来源；<br>(4) 放空未燃烧的气体；<br>(5) 抽走未燃烧的液体或放入事故槽；<br>(6) 堵截流散的燃烧液体等 |
| 窒息法 | 稀释燃烧区的氧量，隔绝新鲜空气进入燃烧区 | (1) 往燃烧物上喷射氮气、二氧化碳；<br>(2) 往燃烧物上喷洒雾状水、泡沫；<br>(3) 用砂土埋燃烧物；<br>(4) 用石棉被、湿麻袋捂盖燃烧物；<br>(5) 封闭着火的建筑物和设备孔洞等 |
| 冷却法 | 降低燃烧物的温度于燃点之下，从而停止燃烧 | (1) 用水喷洒冷却；<br>(2) 用砂土埋燃烧物；<br>(3) 往燃烧物上喷泡沫；<br>(4) 往燃烧物上喷二氧化碳等 |

口诀➤ **防火的基本方法**

防火基本法，掌握不能差，
控制可燃物，限制量存储。
隔绝了空气，容器封严密，
消除着火源，接地防静电。

**灭火的基本方法**

隔离窒息冷却法，灭火基本之方法，
隔绝燃烧的介质，喷水冷却也及时。
燃烧物上喷泡沫，沙土掩埋有效果，
三种方法要牢记，灵活应用火灾熄。

### 十二、电力系统中防火（爆）的重要意义

在电力系统中，防火（爆）是一项十分重要的工作，各企业应常把防止火灾事故当作反事故斗争的重点来对待。这是因为：

（1）在电力系统中有大量燃料，如煤、原油、天然气等都是可燃物，若不遵守防火要求，随时都有发生火灾的危险。例如：原煤及煤粉的自燃着火、煤粉系统的爆炸、油罐爆炸、天然气调压站爆炸、锅炉炉膛爆炸以及燃油锅炉尾部再燃烧等。

（2）电力系统的主要设备，如变压器及油断路器等，其中都有大量的油；氢冷发电机组的氢气系统内有大量的氢气，这些都是易燃和易爆物，容易引起火灾。

（3）在电力系统中，使用的电缆数量相当大。电缆的绝缘材料易着火燃烧。

火灾一旦发生，其危害是非常严重的。火灾往往会把设备烧坏，以致全厂或系统停电，需较长时间才能修复，进而造成大批工矿企业停电停产，损失严重可想而知。

【实例 8-1】 ××地区一个装机容量为 20 万 kW 的发电厂，由于锅炉房内发生了火灾事故，引燃电缆，火势扩大到集控室，造成要害设备烧毁，完全修复时间长达半年，直接损失 134 万

元，少发电 3 亿 kWh，使本地区的工农业生产遭到严重损失。

火灾还会造成人身伤亡，夺去人的生命和健康，造成本人和亲属难以消除的身心痛苦。

【实例 8 - 2】 某电力建筑工程公司混凝土班在×××电厂网控楼蓄电池室做地坪（地坪材料由 70% 汽油和 30% 沥青混合而成）时，为保证地面干净，钢窗用毛毯封闭，施工人员使用 1kW 灯照明，约 10min 后室内起火，造成四名工人严重烧伤。

从以上实例可以看出，火灾无论对设备、人身、企业和社会，都会带来巨大损失，因此一定要重视防火（爆）工作。一旦灾情发生，要争分夺秒地进行灭火工作。同时，为了保证灭火的顺利进行和个人的安全，每名电力工人都应具备一定的防火灭火知识，正确掌握灭火器材的使用方法，以便有能力使火情限制在最小范围，尽量减少国家财产和人员伤亡。

为此，需采取以下防火（爆）措施：

（1）发电厂（变电站）从规划设计、施工安装到生产维护的全过程，都要贯彻执行国家或行业提出的防火防爆标准和要求，围绕电力安全生产做好防火防爆工作。

（2）电力生产过程中使用的可燃物、易燃物和易燃易爆物品的使用和储存，应根据其特性及使用范围，制定完善的安全措施并认真执行。

（3）根据电力生产中主要火灾的类型，如电缆火灾、燃油系统火灾、氢系统火灾、充油电气设备火灾等，认真落实《二十五项重点反措》，采取针对性防火（爆）的反事故措施。

（4）发供电设备及生产场所都要制定防火（爆）具体措施与灭火的基本方法。

（5）开展全员防火安全培训，做好消防安全教育。

（6）制定并严格执行爆炸危险区域电气设备的安全措施，要根据不同危险区域等级，选用不同等级的防爆电气设备和不同方式的配电线路。

（7）做好消防管理，健全消防组织，落实消防责任，完善消防设施，做好企业防火工作。

**十三、消防安全二十条**

（1）父母、师长要教育儿童养成不玩火的好习惯。任何单位不得组织未成年人扑救火灾。

（2）切莫乱扔烟头和火种。

（3）室内装修装饰不宜采用易燃可燃材料。

（4）消火栓关系公共安全，切勿损坏、圈占或埋压。

（5）爱护消防器材，掌握常用消防器材的使用方法。

（6）切勿携带易燃易爆物品进入公共场所、乘坐公共交通工具。

（7）进入公共场所要注意观察消防标志，记住疏散方向。

（8）在任何情况下都要保持疏散通道畅通。

（9）任何人发现危及公共消防安全的行为，都可向公安消防部门或值勤公安人员举报。

（10）生活用火要特别小心，火源附近不要放置可燃、易燃物品。

（11）发现煤气泄漏，速关阀门，打开门窗，切勿触动电器开关和使用明火。

（12）电器线路破旧老化要及时修理更换。

（13）电路熔丝（片）熔断，切勿用铜线铁线代替。

（14）不能超负荷用电。

（15）发现火灾速打报警电话119。

（16）了解火场情况的人，应及时将火场内被围人员及易燃易爆物品情况告诉消防人员。

（17）火灾袭来时要迅速疏散逃生，不要贪恋财物。

（18）必须穿过浓烟逃生时，应尽量用浸湿的衣物披裹身体，捂住口鼻，贴近地面。

（19）身上着火，可就地打滚，或用厚重衣物覆盖压灭火苗。

（20）大火封门无法逃生时，可用浸湿的被褥、衣物等堵塞门缝、泼水降温，呼救待援。

　　　消防安全二十条，防火灭火很重要，
　　　公共场所要留意，消防标志心中记。
　　　莫扔烟头和火种，火灾后果很严重，
　　　发现火灾速报警，学会逃生保生命。

## 十四、火灾逃生十注意

（1）平时要想好几条不同方向的逃生路线。

（2）躲避烟火时不要往阁楼、床底、大橱内钻。

（3）火势不大，要当机立断披上浸湿的衣服或裹上湿毛毯、湿被褥勇敢地冲出去，但千万别披塑料雨衣。

（4）不要留恋财物，尽快逃离火场。千万记住，如已逃出火场，决不要再往回跑。

（5）在浓烟中避难逃生，要尽量放低身体，并用湿毛巾捂住口鼻。

（6）身上衣服着火，要就地打滚，压灭身上火苗，千万不要奔跑。

（7）生命受威胁时，楼上居民不要盲目向下跳，可用绳子或把床单撕成条状连起来，紧拴在门窗框或重物上，顺绳、布条慢慢滑下。

（8）若逃生之路被火封锁，立即退回室内，关闭门窗，堵住缝隙，有条件的向门窗上浇水。

（9）充分利用房屋的天窗、阳台、水管或竹竿等逃生。

（10）楼上居民被火围困，应向室外扔抛沙发垫、枕头等软物或其他小物品，敲击响器，夜间则可打手电，发出求救信号。

　　　平时想好逃生路线，火势不大当机立断，
　　　浓烟逃生放低身体，打湿毛巾捂住嘴鼻。

衣服着火就地打滚，楼上被困水管逃生，

火速报警越快越好，生命财产争分多秒。

## 第三节　灭火设施和器材

### 一、灭火剂

为了灭火，就必须破坏燃烧的基本条件，使用灭火剂能够达到这个目的，故对灭火剂的要求是灭火性能好、使用方便、来源丰富、成本低、对人和物基本无害。常用的灭火剂有水、黄砂、化学泡沫、二氧化碳、干粉、1211以及氮气、四氯化碳等。

1. 水

(1) 水的灭火原理。水是来源丰富、使用方便的天然灭火剂。当用其灭火时，水吸收热量变为蒸汽（1kg水气化要吸收2257kJ热量），能促使燃烧物冷却，使燃烧物温度降低到燃点以下，并阻止对燃烧反应的热反馈。用水浸湿的可燃物，必须具有足够的时间和热量将水分蒸发，然后才能燃烧，这就抑制了火灾的扩大。同时1kg水能变成$1.726m^3$蒸汽，它包围燃烧区，能降低氧气浓度，从而使燃烧减弱并有效地控制燃烧，使燃烧物因得不到足够的氧气而窒息。尤其是经消防水泵加压的高压水流（$0.5\sim1.0MPa$），强烈冲击燃烧物或火焰，冲散燃烧物，使燃烧强度显著降低，从而使火灾熄灭，达到灭火的目的。

(2) 水的灭火作用。

1) 水能对未着火的建筑、设备进行冷却，控制火灾区不至扩大蔓延。

2) 水能降低硝酸铵等物质的分解反应速度，并能降低火棉、黑色火药等爆炸品的爆炸、着火性能。

3) 水蒸气能导电，可以消除静电积聚，防止产生静电火花。

4) 雾状水能吸收、溶解某些可燃气体（如氯和氨）及蒸汽（如乙醇），并能润湿粉尘，对灭火和减轻火场烟尘有一定作用。

5) 雾状水能够扑灭液体火灾。其原理是雾状水滴遇热迅速汽化，吸收大量热和隔断空气，在不溶于水的液体表面形成不燃的乳浊液，对可溶于水的液体起稀释作用。采用水雾灭火的方法扑灭原油及重油火灾，就是根据这个原理实现的。

【实例8-3】 有一只1200m³的地下油罐，储存原油约900t，因动火切割油管，引起油罐爆炸燃烧，火势很大，还由于着火初期补救不得法，大火烧了10h未能扑灭。最后动用了两辆消防水车，仅用两支带雾化喷头的喷雾水枪，从上风向油罐喷射，仅2～3min时间，大火就被完全扑灭。

（3）用水灭火的注意事项。

1）因水具有导电能力，故不能用来扑灭电气火灾（喷雾水除外）。

2）水灭火不适用于与水反应能够生成可燃气体、容易引起爆炸物质火灾的扑救，如碱金属、乙炔、电石等的火灾。

3）冷水遇到高温融溶的盐液及沥青等会发生爆炸，故不能扑灭此类火灾。

4）对于油类等不溶于水的易燃液体，由于它们的密度比水小，故能够浮在水面上燃烧并随水漫流，故不能用一般的水扑救（水雾灭火除外）。

2. 黄砂

（1）砂的灭火原理。黄砂是最为便宜和来源丰富的固体灭火材料。它可以扑灭小量易燃液体（油类等）和某些不宜用水扑灭的化学物品形成的火灾。它主要用于覆盖燃烧物，吸收热量使其降低温度并使燃烧物与空气隔离。一般常用于小型变电站及配电室中，用于扑灭（盖住）变压器、油断路器中正在燃烧的油，将火熄灭。

（2）用黄砂灭火的注意事项。

1）禁止用于旋转电机灭火，以免损坏电气绝缘和轴承。

2）不得用来扑灭大量的镁合金火灾。因为黄砂的主要成分是二氧化硅，其与燃烧着的镁反应能放出大量的热，反而会促进镁的燃烧。

**二、常用的灭火器**

常用灭火器是由筒体、器头、喷嘴等部件组成的，借助驱动压力可将所充装的灭火剂喷出灭火，达到灭火的目的。灭火器由于结构简单，操作方便，轻便灵活，因此使用面广，是扑救初期火灾的重要消防器材。

1. 分类

灭火器的种类很多，按其移动方式可分为手提式和推车式；按驱动灭火剂的动力来源可分为储气瓶式、储压式、化学反应式；按所充装的灭火剂可分为充泡沫、干粉、卤代烷、二氧化碳、酸碱、清水等类型。

2. 型号编制方法

我国各种灭火器的型号编制方法见表 8-3。

表 8-3　　　　　各种灭火器的型号编制方法

| 类 | 组 | 代号 | 特征 | 代号含义 | 主要参数 名称 | 单位 |
|---|---|---|---|---|---|---|
| 灭火器 M（灭） | 水 S（水） | MS | 酸碱 | 手提式酸碱灭火器 | 灭火剂充装量 | L |
| | | MSQ | 清水，Q（清） | 手提式清水灭火器 | | |
| | 泡沫 P（泡） | MP | 手提式 | 手提式泡沫灭火器 | | L |
| | | MPZ | 舟车式，Z（舟） | 舟车式泡沫灭火器 | | |
| | | MPT | 推车式，T（推） | 推车式泡沫灭火器 | | |
| | 干粉 F（粉） | MF | 手提式 | 手提式干粉灭火器 | | kg |
| | | MFB | 背负式，B（背） | 背负式干粉灭火器 | | |
| | | MFT | 推车式，T（推） | 推车式干粉灭火器 | | |
| | 二氧化碳 T（碳） | MT | 手提式 | 手提式二氧化碳灭火器 | | kg |
| | | MTZ | 鸭嘴式，Z（嘴） | 鸭嘴式二氧化碳灭火器 | | |
| | | MTT | 推车式，T（推） | 推车式二氧化碳灭火器 | | |
| | 1211Y（1） | MY | 手提式 | 手提式 1211 灭火器 | | kg |
| | | MYT | 推车式 | 推车式 1211 灭火器 | | |

### 三、化学泡沫灭火器

泡沫灭火器是指内部充装泡沫灭火剂的灭火器，有化学泡沫灭火器和空气泡沫灭火器两种。空气泡沫灭火器是最近几年随着消防科研工作的发展而研制出的一种高效、优质灭火器，它的灭火能力比化学泡沫灭火器高3~4倍，因此，它是今后取代化学泡沫灭火器的更新换代产品。但因目前还未大量推广使用，故这里只介绍目前在电力生产、基建各企业仍广泛使用的化学泡沫灭火器。

化学泡沫灭火器内充装有酸性（硫酸铝）和碱性（碳酸氢钠）两种化学药剂的水溶液，使用时，两种溶液混合起化学反应而生成泡沫，泡沫在压力的作用下喷射出来进行灭火。化学泡沫灭火器可分为手提式、舟车式和推车式三种。

（一）MP型手提式化学泡沫灭火器

1. 规格及性能

MP型手提式化学泡沫按照灭火器所充装灭火剂的容量，分为6L和9L两种规格，其型号分别为MP6和MP9，主要技术性能见表8-4。

表8-4　　手提式化学泡沫灭火器的技术性能

| 型　　号 | | | | MP6（MPZ6） | MP9（MPZ9） |
|---|---|---|---|---|---|
| 规格 | 灭火剂灌装量 | 酸性剂 | 硫酸铝（g） | 600±10 | 900±10 |
| | | | 清水（mL） | 1000±50 | 1000±50 |
| | | 碱性剂 | 碳酸氢钠（g） | 430±10 | 650±10 |
| | | | 清水（mL） | 4500±100 | 7500±100 |
| 技术性能 | | 有效喷射时间（s） | | ≥40 | ≥60 |
| | | 有效喷射距离（m） | | ≥6 | ≥8 |
| | | 喷射滞后时间（s） | | ≤5 | ≤5 |
| | | 喷射剩余率（%） | | ≤10 | ≤10 |

2. 构造

MP 型手提式化学泡沫灭火器主要由筒体、筒盖、瓶胆及喷嘴等组成，其外形与结构如图 8-1 所示。

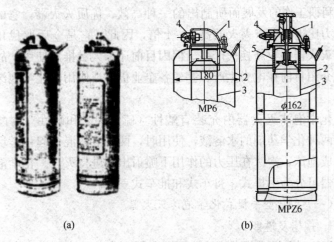

(a)                                    (b)

图 8-1  手提式化学泡沫灭火器示意

(a) 外形；(b) 结构

1—筒盖；2—筒体；3—瓶胆；4—喷嘴；5—瓶夹

(1) 筒体。是充装碳酸氢钠溶液的容器，一般用 1.2～1.5mm 厚的钢板焊接而成。

(2) 筒盖。是封闭筒体的盖子，一般用 2.5mm 钢板或铝合金制成。

(3) 瓶胆，也称内胆。是充装硫酸铝溶液的容器，一般采用耐热玻璃或耐酸碱的工程塑料制成，并用瓶夹固定，悬挂在筒体的正中上方。它的上口一般有瓶盖，可防止胆内溶液蒸发或溅出。

(4) 喷嘴。安装在筒盖的前侧，用金属或工程塑料制成。喷嘴的根部还装有滤网，以防止杂物堵塞。

3. 适用范围

MP 型手提式化学泡沫灭火器适合于电力系统各企业现场及

住宅等扑救一般物质或油类（石油制品、油脂）等易燃液体的初起火灾，但不能扑救带电设备和醇、酮、醚等有机溶剂的火灾。

4. 使用方法及注意事项

（1）手提筒体上部的提环，迅速奔赴火场。这时应注意不得使灭火器过分倾斜，更不可横拿或颠倒，以免两种药剂混合而提前喷出。

（2）使用时先用手指堵住喷嘴，将筒身上下颠倒两次，就有泡沫喷出，其步骤如图8-2所示。

(a)　　　　(b)　　　　(c)　　　　　(d)　　　　(e)

图8-2　MP型手提式化学泡沫灭火器使用方法

（3）在扑救可燃液体火灾时，如燃烧物已呈流淌状燃烧，则应将泡沫由近及远喷射，使泡沫完全覆盖在燃烧液面上。

（4）如液体在容器内燃烧，应将泡沫射向容器的内壁，使泡沫沿着内壁流淌，逐步覆盖着火液面，切忌直接对准液面喷射，以免由于射流的冲击，反而将燃烧的液体冲散或冲出容器，扩大燃烧范围。

（5）在扑救固体物质的火灾时，应将射流对准燃烧最猛烈处。

（6）灭火时，随着有效喷射距离的缩短，使用者应逐渐向燃烧区靠近，并始终将泡沫喷射在燃烧物上，直至扑灭。

（7）在灭火的整个过程中，灭火器应一直保持倒置状态，否则会中断喷射。

5. 维护保养方法

（1）应选择干燥、阴凉、通风并取用方便的地方存放灭火器。灭火器不可靠近高温或可能受到曝晒的地方，以防止碳酸氢钠分解而失效。

（2）冬季要对灭火器采取防冻措施，以防止冻结，并应经常擦除灰尘、疏通喷嘴，使之保持通畅。

（3）每年应定期打开筒盖检查碳酸氢钠溶液是否失效，发现失效应立即更换。检查方法是，从筒体内取三份碳酸氢钠溶液，在瓶胆内取一份硫酸铝溶液，然后将两种溶液一起快速倒入量杯内，看产生泡沫的体积是否大于混合溶液体积的 6 倍以上。如大于 6 倍，则为合格，可继续保存。

（4）每次使用后，应及时打开筒盖，把筒体和瓶胆等清洗干净，并充入新的灭火剂。

（5）每次更换灭火剂或使用期已满 2 年以上的灭火器，应送请有关检修单位进行水压试验，试验合格后方可继续使用，并应标明试压日期。

（二）MPZ 型手提舟车式化学泡沫灭火器

MPZ 型灭火器的主要性能、构造、适应火灾及使用方法等与 MP 型基本相同。不同之处只是在瓶胆上装有密封瓶盖，在器盖上装有开启瓶盖的机构，这样可防止车辆、船舶行驶时，剧烈振动或颠簸而使两种药液混合。瓶盖的开启机构设在器盖上部，由开启手柄、密封压杆和弹簧等组成。使用时，将开启手柄向上扳起，密封压杆依靠弹簧的弹力即可将密封瓶盖自动打开。

（三）MPT 型推车式化学泡沫灭火器

1. 规格及性能

MPT 型推车式化学泡沫灭火器按照所充装的灭火剂容量不同，分为 40、65、90L 三种规格，型号分别为 MPT40、

MPT65、MPT90，其主要技术性能见表 8-5。

表 8-5　　　　　MPT 型推车式泡沫火器的主要技术性能

| 型　号 | | | MPT40 | MPT65 | MPT90 |
|---|---|---|---|---|---|
| 规格 | 灭火剂充装量 | 酸性剂 硫酸铝（g） | 4000±700 | 6500±700 | 9000±700 |
| | | 清水（mL） | 7000±500 | 11000±500 | 16000±500 |
| | | 碱性剂 碳酸氢钠（g） | 3000±500 | 4500±500 | 6500±500 |
| | | 清水（mL） | 31000±1000 | 49000±1000 | 68000±1000 |
| 技术性能 | | 有效喷射时间（s） | ≥120 | ≥150 | ≥180 |
| | | 有效喷射距离（m） | ≥9.0 | ≥9.0 | ≥9.0 |
| | | 喷射滞后时间（s） | ≤10.0 | ≤10.0 | ≤10.0 |
| | | 喷射剩余率（%） | ≤15.0 | ≤15.0 | ≤15.0 |
| | | 使用温度范围（℃） | +4～+55 | +4～+55 | +4～+55 |

2. 构造

MPT 型推车式化学泡沫灭火器由筒体、筒盖、瓶胆、瓶盖启闭机构、喷射系统、车身等组成，其外形与结构如图 8-3 所示。

（1）筒体。是存装碳酸氢钠溶液的容器，用 3.5～4.0mm 厚的钢板焊接而成。

（2）筒盖。一般用铸铁或铝合金压铸而成，上装有瓶盖的启闭机构，有的还装有安全阀。当筒体内压力超过规定时，能自动泄压，以确保安全。

（3）瓶胆。是存放硫酸铝溶液的容器，一般用耐酸碱的工程塑料制成。它由瓶夹固定，悬挂在筒体上口，瓶胆口有密封盖，平时严密紧闭，可防止瓶胆内溶液流出。

（4）瓶盖启闭机构。由带有密封圈的瓶盖、升降螺杆及手轮组成。要开启瓶盖时，按逆时针方向转动手轮，螺杆随之上升，带动瓶盖上升即为开启；反之则关闭。该机构可达到密封目的。

（5）喷射系统。由滤网、阀门、喷射软管及喷枪构成。滤网可防止溶液内杂质堵塞喷口。阀门是开、关泡沫喷射的机构，现

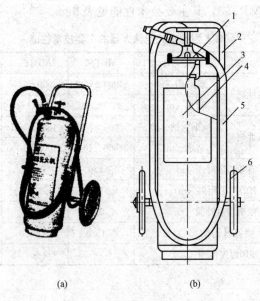

(a)                    (b)

图 8-3　MPT 型推车式泡沫灭火器示意

(a) 外形；(b) 结构

1—筒盖；2—车架；3—筒体；4—瓶胆；5—喷射软管；6—车轮

代灭火器已将阀门和喷枪连成一体。喷枪用铝合金或工程塑料制造，喷射软管用有纤维编织层的橡胶管制成。

（6）车身。由车轮、减振装置、车架、拉杆及固定喷枪和喷射软管的夹具组成。

3. 适用范围和使用方法

MPT 型泡沫灭火器的适用范围同 MP 型泡沫灭火器。使用方法如下：

（1）一般由两人操作，先将灭火器迅速推拉到火场，在距着火点约 10m 处停下，由一人施放喷射软管后，双手紧握喷枪并对准燃烧处；另一人先逆时针方向转动手枪，将螺杆升至最高位置，使瓶盖开足。

（2）将筒体向后倾倒，使拉杆触地，并将阀门手柄旋转 90°，即可喷射泡沫进行灭火。

（3）如阀门装在喷枪处，则由负责操作喷枪者打开阀门，其他灭火方法及注意事项同 MP 型。

4．维护

（1）灭火器的存放温度应在 4～ 45℃ 之间，不宜过高或过低。

（2）每月应定时检查灭火器一次，察看喷枪、软管、滤网及安全阀等有无堵塞现象，并及时加以清除。

（3）每次更换灭火剂或灭火器使用 2 年后，应对筒体及筒盖一起进行水压试验，合格后方向继续使用。

（4）每隔半年应对所充装的药液进行检查，方法同 MP 型。如发现变质，应及时更换。

口诀

化学泡沫灭火器，扑救油类等火灾，
内胆硫酸铝溶液，碳酸氢钠发泡剂。
用时药品混合匀，喷射方向要对准，
保养要选通风处，定期检查不疏忽。

### 四、二氧化碳灭火器

二氧化碳灭火器是利用其内部充装的液态二氧化碳的蒸气压力将二氧化碳喷出灭火。

1．适用场所

由于二氧化碳灭火剂具有灭火不留痕迹，并有一定的电绝缘性能等特点，因此适宜扑救 600V 以下的带电电器、贵重设备、图书资料、仪器仪表等场所的初起火灾，以及一般可燃液体的火灾，但不能扑灭钾、钠等轻金属的火灾。

2．分类及规格

（1）按移动形式分，有手提式和推车式两种，目前主要用手提式的。

（2）按二氧化碳的充装量分为 2、3、5、7kg 四种手提式的规格和 20、25kg 两种推车式规格、其型号分别为 MT2、MT3、MT5、MT7、MTT20、MTT25。

（3）按结构分，有凹底式和有底圈式两种。凹底式的应挂在墙上。

3. 技术性能

在（20±5）℃时，二氧化碳灭火器的主要技术性能见表8-6。

表 8-6　　　　　　　　二氧化碳灭火器的技术性能

| | 型　　号 | MT2 | MP3 | MP5 | MT7 | MTT20 | MTT25 |
|---|---|---|---|---|---|---|---|
| 技术性能 | 灭火剂量（kg） | 2 | 3 | 5 | 7 | 20 | 25 |
| | 有效喷射时间（s） | ≥8.0 | ≥8.0 | ≥9.0 | ≥12.0 | ≥15.0 | ≥15.0 |
| | 有效喷射距离（m） | ≥1.5 | ≥1.5 | ≥2.0 | ≥2.0 | ≥4.0 | ≥5.0 |
| | 喷射滞后时间（s） | ≤5.0 | ≤5.0 | ≤5.0 | ≤5.0 | ≤10.0 | ≤10.0 |
| | 喷射剩余率（%） | ≤10.0 | ≤10.0 | ≤10.0 | ≤10.0 | ≤10.0 | ≤10.0 |
| | 使用温度范围（℃） | −10～+55 | −10～+55 | −10～+55 | −10～+55 | −10～+55 | −10～+55 |

4. 手提式二氧化碳灭火器

（1）手提式灭火器结构又分手轮式和鸭嘴式（MTZ 型）两种。手轮式已淘汰不用。鸭嘴式二氧化碳灭火器主要由压把、钢瓶等组成，其外形与结构如图 8-4 所示。钢瓶由无缝钢管经热旋压收底制成，用来灌装液态二氧化碳灭火剂。启闭阀采用钢锻制，喷筒为喇叭状，可 360°转动，并可在任一位置停住，以便灭火需要。喷筒由钢丝编织胶管与启闭阀相连。启闭阀为手动开启，手一松即自动关闭，只要一打开阀门，灭火剂即以一定速度喷出灭火。

（2）使用方法及注意事项。

1）使用灭火器时，先拔掉安全销，然后压紧压把，这时就

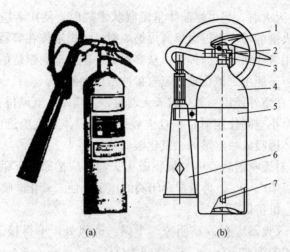

图 8-4　鸭嘴式二氧化碳灭火器（MTZ 型）示意

(a) 外形；(b) 结构

1—压把；2—提把；3—启闭阀；4—钢瓶；

5—长箍；6—喷筒；7—虹吸管

有二氧化碳喷出，操作步骤如图 8-5 所示。

(a)　　　　(b)　　　　(c)　　　　(d)　　　　(e)

图 8-5　二氧化碳灭火器使用方法

2）不能直接用手抓住喇叭筒外壁或金属连接管，防止手被冻伤。

　　3）灭火时，当可燃液体呈流淌状燃烧时，使用者应将二氧化碳灭火剂的喷流由近而远向火焰喷射；可燃液体在容器内燃烧时，使用者应将喇叭筒提起，从容器的一侧上部向燃烧的容器中喷射，但不能用二氧化碳射流直接冲击可燃液面。

　　4）在室外使用二氧化碳灭火器时，人应站在上风位置喷射；在室内窄小空间使用时，一旦火被扑灭，操作者就应迅速离开，避免人体因吸入一定量的二氧化碳而窒息。

　　5）对无喷射软管的二氧化碳灭火器，应把原来下垂的喇叭筒往上扳 $70°\sim90°$，再紧握启闭阀的压把，使二氧化碳喷出。

　　（3）维护保养。

　　1）灭火器应存放在阴凉、干燥、通风处，不得接近火源，存放环境温度在 $-5\sim+45℃$ 之间为好。

　　2）每半年应检查一次灭火器重量，可采用称重法检查。若称出的重量与灭火器钢瓶肩部打的钢印总重量相比低于 50g 时，应送维修单位检修。

　　3）灭火器每次使用后或每隔 5 年，应送维修单位进行水压试验，合格后方可继续使用。

　　5. 推车式二氧化碳灭火器

　　（1）适用场所。适于工矿企业仓库、配电站、理化实验室、图书资料馆、档案室等单位扑救油类、电气（600V 以下）设备的初起火灾。

　　（2）结构。由钢瓶、虹吸管、阀门、喷筒、手轮、安全帽、胶管和推车组成，如图 8-6 所示。

　　（3）技术性能。见表 8-6。

　　（4）使用方法。一般由两人操作。使用时两人一起将灭火器推或拉到燃烧处，在离燃烧物约 10m 处停下；一人快速取下喇叭喷筒并展开喷射软管，握住喇叭筒根部的手柄，另一人快速按顺时针方向旋动手轮，并开到最大位置；其他灭火操作同手提式。

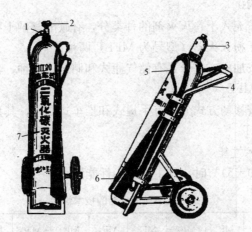

图 8-6  推车式二氧化碳灭火器示意
1—胶管接头；2—手轮；3—安全帽；4—小推车；
5—胶管；6—喷筒；7—钢瓶

 二氧化碳灭火器，仪器仪表着火用，
二氧化碳来灭火，关键是能隔空气。
用时先拔安全销，手抓喷筒防冻着，
存放宜在干燥处，定期检查要记住。

## 五、干粉灭火器

干粉灭火器以液态二氧化碳或氮气作动力，将灭火器内干粉灭火剂喷出进行灭火。它适用于扑救石油及其制品、可燃液体、可燃气体、可燃固体物质的初起火灾。由于干粉有 50kV 以上的电绝缘性能，因此也能扑救带电设备处的火灾，被广泛应用于电力系统各企业、油库等场所。

（一）MF 型手提式干粉灭火器

1. 规格

（1）按充装的干粉量分，有 1、2、3、4、5、6、8、10kg 八种，其型号分别为 MF1、MF2、MF3、MF4、MF5、MF6、

MF8、MF10。

（2）按充入干粉灭火剂的种类分，有碳酸氢钠干粉灭火器和磷酸铵盐干粉灭火器（型号为 MFL）两种。

（3）按加压方式分，有储气瓶式和储压式两种，其型号分别为 MF 和 MFZ。

（4）按移动方式分，有手提式和推车式两种，其型号分另为 MF 和 MFT。

2. 技术性能

在（20±5）℃时，其主要技术性能见表 8 - 7。

表 8 - 7　　　　　　　手提式干粉灭火器的技术性能

<table>
<tr><td rowspan="3">型　　号</td><td>MF1</td><td>MF2</td><td>MF3</td><td>MF4</td><td>MF5</td><td>MF6</td><td>MF8</td><td>MF10</td></tr>
<tr><td>MFZ1</td><td>MFZ2</td><td>MFZ3</td><td>MFZ4</td><td>MFZ5</td><td>MFZ6</td><td>MFZ8</td><td>MFZ10</td></tr>
<tr><td>MFL1</td><td>MFL2</td><td>MFL3</td><td>MFL4</td><td>MFL5</td><td>MFL6</td><td>MFL8</td><td>MFL10</td></tr>
<tr><td rowspan="6">技术性能</td><td>灭火剂量（kg）</td><td>1</td><td>2</td><td>3</td><td>4</td><td>5</td><td>6</td><td>8</td><td>10</td></tr>
<tr><td>有效喷射时间（s）</td><td>≥6</td><td>≥8</td><td>≥8</td><td>≥9</td><td>≥9</td><td>≥9</td><td>≥12</td><td>≥15</td></tr>
<tr><td>有效喷射距离（m）</td><td>≥2.5</td><td>≥2.5</td><td>≥2.5</td><td>≥4.0</td><td>≥4.0</td><td>≥4.0</td><td>≥5.0</td><td>≥5.0</td></tr>
<tr><td>喷射滞后时间（s）</td><td>≤5.0</td><td>≤5.0</td><td>≤5.0</td><td>≤5.0</td><td>≤5.0</td><td>≤5.0</td><td>≤5.0</td><td>≤5.0</td></tr>
<tr><td>喷射剩余率（%）</td><td>≤10.0</td><td>≤10.0</td><td>≤10.0</td><td>≤10.0</td><td>≤10.0</td><td>≤10.0</td><td>≤10.0</td><td>≤10.0</td></tr>
<tr><td>电绝缘性能（×10⁴V）</td><td>≥5</td><td>≥5</td><td>≥5</td><td>≥5</td><td>≥5</td><td>≥5</td><td>≥5</td><td>≥5</td></tr>
</table>

续表

| 型号 | | MF1<br>MFZ1<br>MFL1 | MF2<br>MFZ2<br>MFL2 | MF3<br>MFZ3<br>MFL3 | MF4<br>MFZ4<br>MFL4 | MF5<br>MFZ5<br>MFL5 | MF6<br>MFZ6<br>MFL6 | MF8<br>MFZ8<br>MFL8 | MF10<br>MFZ10<br>MFL10 |
|---|---|---|---|---|---|---|---|---|---|
| 技术性能 | 使用温度范围（℃） | FM型<br>−10～<br>+55 | −10～<br>+55 | −10～<br>+55 | −10～<br>+55 | −10～<br>+55 | −10～<br>+55 | −10～<br>+55 | −10～<br>+55 |
| | | MFZ型<br>−20～<br>+55 | −20～<br>+55 | −20～<br>+55 | −20～<br>+55 | −20～<br>+55 | −20～<br>+55 | −20～<br>+55 | −20～<br>+55 |

3. 构造

下面以储气瓶式干粉灭火器为例说明干粉灭火器的结构，其他形式与此基本相同。它主要由筒体、器盖、储气瓶及喷射装置等构成，其外形与结构如图 8 - 7 所示。

筒体是存装干粉的容器，由 1.2 ～ 2.0mm 厚的钢板焊接制成。器盖是密封筒体的盖子，在其上部装有开闭机构和喷嘴或喷射软管，下部有出粉管。储气瓶是存装液体二氧化碳驱动气体的容器。喷射装置由出粉管、喷射软管和喷嘴组成。出粉管是干粉灭火剂喷出的通道，一般由钢、铜和尼龙等材料制成；喷射软管由纤维缠绕的橡胶管制成；喷嘴由尼龙等材料制成，呈圆锥形。储气瓶有外挂式和内置式两种，外挂式的外形及结构如图 8 - 8 所示。

4. 适应火灾和使用方法

碳酸氢钠干粉灭火器适用于易燃、可燃的液体、气体及带电设备的初起火灾；磷酸铵盐干粉灭火器除上述用途外，还可扑救固体类物质的初起火灾。但它们都不能扑救轻金属燃烧的火灾。干粉灭火器的使用方法（内置式）如下：

（1）灭火时，可手提或肩扛灭火器快速奔赴火场，在距燃烧处 5m 左右放下灭火器，如在室外，应选择在上风方向喷射。

（2）使用时拔掉保险销，按下压把，干粉即可喷出，如图

265

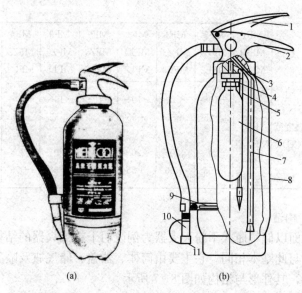

图 8-7　MF 型手提内置式干粉灭火器示意图

(a) 外形；(b) 结构

1—压把；2—提把；3—刺针；4—密封膜片；5—进气管；

6—储气瓶；7—出粉管；8—筒体；9—喷粉管固定夹箍；

10—喷粉管；11—喷嘴

8-9所示。

（3）在使用时，一手应始终压下压把，不能放开，否则会中断喷射。当干粉喷出后，迅速对准火焰的根部扫射。

（4）如被扑救的液体火灾呈流淌燃烧时，应对准火焰根部由近而远地左右扫射，直至把火焰全部扑灭。

（5）如果可燃液体在容器内燃烧，使用者应对准火焰左右晃动扫射，使喷射出的干粉流覆盖整个容器开口表面；当火焰被赶出容器时，仍应继续喷射，直至把火焰全部扑灭。注意切勿将喷嘴直接对准液面喷射，以防止喷流的冲击力使可燃液体溅出而扩大火势，造成灭火困难。

（6）用磷酸铵盐干粉灭火器扑救固体可燃物火灾时，应对准

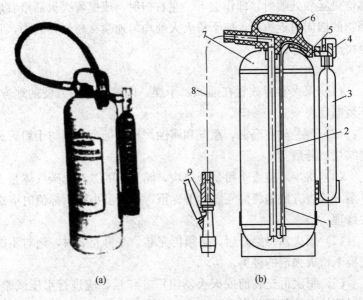

图 8-8  MF 型手提外挂式干粉灭火器示意

（a）外形；（b）结构

1—进气管；2—出粉管；3—钢瓶；4—提环；5—钢瓶螺母；
6—提盖；7—筒体；8—喷射软管；9—喷枪

图 8-9  干粉灭火器的使用方法

267

燃烧最猛烈处喷射，即作上下、左右扫射，或提着灭火器沿着燃烧物的四周边走边喷，使干粉灭火剂均匀地喷在燃烧物表面，直至将火焰全部扑灭。

5. 维护保养

（1）灭火器应放置在通风、干燥、阴凉、取用方便的地方，环境温度在−5～+45℃。

（2）避免放在高温、潮湿和腐蚀严重的场合，以防干粉灭火剂结块、分解。

（3）每半年检查干粉是否结块，储气瓶的二氧化碳气体是否泄漏。检查方法是将储气瓶拆下称重，如重量小于所标值时应送去修理。

（4）灭火器一经开启，必须再充装。在再充装时，绝对不能变换干粉灭火剂的种类。

（5）每次再充装前或灭火器出厂3年后，应进行水压试验。应对筒体和储气瓶分别进行试验，合格后才能再次充装使用。

（二）MFT型推车式干粉灭火器

1. 规格

按充装灭火剂的重量分，有20、25、35、50、70、100kg六种，其型号分别为 MFT20、MFT25、MFT35、MFT50、MFT70、MFT100。

2. 技术性能

灭火器在（20±5）℃下的主要技术性能见表8-8。

3. 构造

MFT型灭火器与手提式灭火器的构造基本相同，只是存装的干粉筒体大些，另外有车架、车轮等行驶机构，其外形与构造如图8-10所示。

4. 使用方法

（1）灭火时，可手推灭火器快速奔赴火场，在距燃烧处10m左右，停下灭火器，如在室外，应选择在上风方向喷射。

**表 8 - 8**　　　　　**MFT 型推车式干粉灭火器的技术性能**

| 型　号 | MFT20 | MFT25 | MFT35 | MFT50 | MFT70 | MFT100 |
|---|---|---|---|---|---|---|
| 灭火剂量（kg） | 20 | 25 | 35 | 50 | 70 | 100 |
| 有效喷射时间（s） | ≥15.0 | ≥15.0 | ≥20.0 | ≥25.0 | ≥30.0 | ≥35.0 |
| 有效喷射距离（m） | ≥8.0 | ≥8.0 | ≥8.0 | ≥9.0 | ≥9.0 | ≥10.0 |
| 喷射滞后时间（s） | ≤10.0 | ≤10.0 | ≤10.0 | ≤10.0 | ≤10.0 | ≤10.0 |
| 喷射剩余率（%） | ≤10.0 | ≤10.0 | ≤10.0 | ≤10.0 | ≤10.0 | ≤10.0 |
| 电绝缘性能（kV） | ≥5 | ≥5 | ≥5 | ≥5 | ≥5 | ≥5 |
| 使用温度范围（℃） | −10〜+55 | −10〜+55 | −10〜+55 | −10〜+55 | −10〜+55 | −10〜+55 |

（2）灭火时需两人共同操作，一人首先打开二氧化碳气瓶手轮向干粉储罐充气；另一人迅速展开出粉管，并开启阀门，双手持喷枪对准火焰根部由近至远灭火。

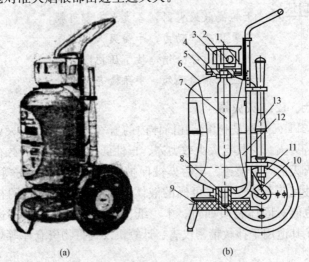

(a)　　　　　　　　　　(b)

图 8 - 10　MFT 型推车式干粉灭火器示意
（a）外形；（b）结构
1—进气压杆提环；2—进气压杆；3—压力表；4—密封胶圈；5—护罩；
6—筒体；7—钢瓶；8—出粉口密封胶圈；9—出粉管；10—轮轴；
11—车轮；12—架子；13—喷粉枪

5. 维护保养

（1）检查灭火器的车架、车轮是否转动灵活。有喷射软管转盘的，应将喷射软管拉出，检查其是否粘连、破损。无损坏时，应将其按原样盘绕在转盘上。

（2）灭火器应放在通风、干燥、阴凉、取用方便的地方，环境温度为$-5 \sim +45$℃。

（3）避免放在高温、潮湿和腐蚀严重的场合，以防干粉灭火剂结块、分解。

（4）每半年检查干粉是否结块，储气瓶的二氧化碳气体是否泄漏。如储气瓶重量小于所标值，应送去修理。

（5）每次再充装干粉前或灭火器出厂 3 年后，应进行水压试验，合格后才能再次充装使用。

口诀

干粉高效灭火器，各类火灾都可救，
二氧化碳作动力，干粉灭火隔空气。
用时拔出保险销，按下压把即可用，
存放保养通风处，半年检查心有数。

## 六、1211 灭火器

1211 灭火器是利用装在筒体内的氮气压力将 1211 灭火剂喷出进行灭火。它具有灭火效力高、毒性低、腐蚀性小、久存不变质、灭火后不留痕迹、不污染被保护物、电绝缘性能好等优点，因此被用于扑救易燃、可燃的液体、气体及带电设备的初起火灾，也能对固体物质如竹、木、纸、织物等的表面火灾进行扑救，尤其适用于扑救精密仪表、计算机及贵重物资仓库等处的初起火灾。

### （一）MY 型手提式 1211 灭火器

1. 规格

MY 型手提式 1211 灭火器按充装灭火剂的充装量，有 0.5、1、2、3、4、6kg 六种规格，其型号分别为 MY0.5、MY1、

270

MY2、MY3、MY4 及 MY6。

2. 主要技术性能

在 (20±5)℃时，其主要技术性能见表 8 - 9。

表 8 - 9　　　　MY 型手提式 1211 灭火器的技术性能

| 型　　号 | MY0.5 | MFY1 | MY2 | MY3 | MY4 | MY6 |
|---|---|---|---|---|---|---|
| 灭火剂充装量（kg） | 0.5 | 1 | 2 | 3 | 4 | 6 |
| 有效喷射时间（s） | ≥6.0 | ≥6.0 | ≥8.0 | ≥8.0 | ≥9.0 | ≥9.0 |
| 有效喷射距离（m） | ≥1.5 | ≥2.5 | ≥3.5 | ≥4.0 | ≥4.5 | ≥5.0 |
| 喷射滞后时间（s） | ≤3.0 | ≤3.0 | ≤3.0 | ≤3.0 | ≤3.0 | ≤3.0 |
| 喷射剩余率（%） | ≤8.0 | ≤8.0 | ≤8.0 | ≤8.0 | ≤8.0 | ≤8.0 |
| 使用温度范围（℃） | −20~ +55 | −20~ +55 | −20~ +55 | −20~ +55 | −20~ +55 | −20~ +55 |
| 充装系数（g/L） | ≤1.1 | ≤1.1 | ≤1.1 | ≤1.1 | ≤1.1 | ≤1.1 |

（表头左侧纵列标注：技术性能）

3. 构造

MY 型手提式 1211 灭火器主要由筒体、器头、喷射系统三部分构成。筒体由钢板冲压成型再焊接而成；器头是密封筒体的阀门，在其上部装有开闭压把、内部压力显示器及喷嘴，其下部与出液管相连；喷射系统有出液管、喷嘴。对 MY4、MY6 型还有喷射软管，以便于灭火操作。其外形与结构如图 8 - 11 所示。

4. 使用方法及注意事项

（1）手提或肩扛灭火器迅速奔赴火场，在距燃烧处 5m 左右放下灭火器，先拔出安全销，一手握住开闭压把，另一手握在喷射软管前端的喷嘴处，先将喷嘴对准燃烧处，用力握紧开闭压把，在氮气压力的作用下，1211 灭火剂随即喷出，如图 8 - 12 所示。

（2）当被扑救可燃液体呈流淌状燃烧时，使用者应对准火焰根部由近而远地左右扫射，并向前快速推进，直到火焰全部扑灭。

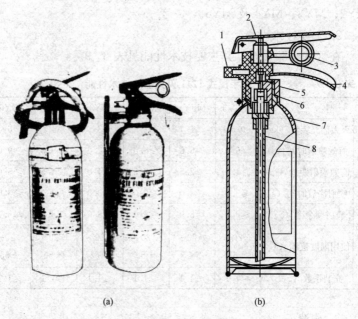

图 8-11 手提式 1211 灭火器示意图

(a) 外形；(b) 结构

1—喷嘴；2—压把；3—安全销；4—提把；5—筒盖；
6—密封圈；7—筒体；8—虹吸管

图 8-12 手提式 1211 灭火器的使用方法

（3）如果可燃液体在容器中燃烧，应对准火焰左右晃动扫射。当火焰被赶出容器时，喷射流跟着火焰扫射，直至把火焰全部扑灭，但应注意不能将喷射流直接喷射在燃烧液面上，防止灭火剂的冲力将可燃液体冲出容器而扩大火势，造成灭火困难。

（4）扑救可燃固体物质的初起表面火灾，应将喷射流对准燃烧最猛烈处喷射。当火焰被扑灭后，应及时采取措施，不让其复燃。

（5）切记 1211 灭火器使用时不能颠倒，也不能横卧，否则灭火剂不会喷出。

（6）在室外使用时，应选择在上风方向喷射。在窄小空间的室内灭火时，灭火后操作者应迅速离开，因 1211 灭火剂也有一定毒性，会对人体造成伤害。

5. 维护保养

（1）灭火器应存放在通风、干燥、阴凉及取用方便的场合，环境温度为 −10 ～ +45℃。

（2）每隔半年检查灭火器上显示内部压力的显示器。如发现指针已降到红色区域，应及时送维修部门检修。

（3）灭火器不要存放在加热设备附近，也不要放在有阳光直射及有强腐蚀性的地方。

（4）每次使用后，不管灭火剂是否有剩余，都应送维修部门进行再充装。每次再充装前或出厂 3 年以上的，都应进行水压试验，合格后方可继续使用。

（5）如灭火器上无内部压力显示器，可采用称重的方法检查。当称出的重量减小 10％时，应送去修理。购买灭火器时，应选购有内部压力显示器的 1211 灭火器。

（二）MYT 型推车式 1211 灭火器

1. 规格

MYT 型推车式 1211 灭火器按充装灭火剂的重量分，有 25、

40kg 两种规格，其型号分别为 MYT25 和 MYT40。

2. 技术性能

在（20±5）℃时，其主要技术性能见表 8 - 10。

表 8 - 10　　　　MYT 型推车式 1211 灭火器的技术性能

|  | 型　　号 | MYT25 | MYT40 |
|---|---|---|---|
| 技术性能 | 灭火剂量（kg） | 25 | 40 |
| | 有效喷射时间（s） | ≥25 | ≥40 |
| | 喷射滞后时间（s） | ≤10 | ≤10 |
| | 喷射剩余率（%） | ≤10 | ≤10 |
| | 使用温度范围（℃） | −20～+55 | −20～+55 |

3. 构造

MYT 型推车式灭火器基本同手提式 1211 灭火器，除外形大小不同外，推车式还有车轮、车架等行驶机构，以及由喷射软管、手握喷枪等组成的喷射系统。车架为靠背椅式，筒体直立其上，车架下有两只轮子安装在轮轴上。喷射软管一般采用纤维缠绕的橡胶管制成，长度大于 4m。手握喷枪上有控制喷射的开闭机构，操作简便。其外形与结构如图 8 - 13 所示。

4. 使用方法

（1）灭火时，一般由两人操作，先将灭火器推或拉到火场，在距燃烧点 10m 处停下。

（2）一人快速放下喷射软管后，紧握喷枪，对准燃烧处。

（3）另一人快速打开灭火器阀门。阀门开启方法一般有三种：一种按顺时针方向旋动手轮，并开启到最大位置；第二种是旋转手轮 90°即可开启；第三种为压下开启杆，由凸轮装置将阀门顶开。

（4）其他灭火方法同手提式 1211 灭火器。

5. 维护保养

推车式灭火器的维护保养方法同手提式 1211 灭火器。

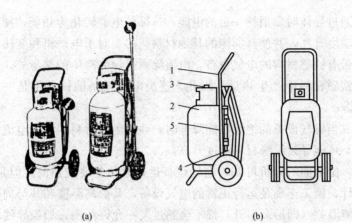

图 8-13  MYT 型推车式 1211 灭火器示意图

(a) 外形；(b) 结构

1—推车架；2—筒体；3—启闭阀；4—喷射软管；5—喷枪

# 第四节  电气火灾和爆炸

## 一、电气火灾与爆炸

电气火灾与爆炸是指电气方面原因形成的火源所引起的火灾和爆炸，如某种原因造成变压器、电力电缆、油断路器的爆炸起火，配电线路短路或过负荷引起的火灾等。

## 二、电气火灾和爆炸的原因

电气火灾和爆炸在火灾、爆炸事故中占有很大的比例，如线路、电动机、开关等电气设备都可能引起火灾。变压器等带油电气设备除了可能发生火灾外，还有爆炸的危险。造成电气火灾与爆炸的原因很多。除设备缺陷、安装不当等设计和施工方面的原因外，电流产生的热量和火花或电弧是引发火灾和爆炸事故的直接原因。

1. 过热

电气设备过热主要是由电流产生的热量造成的。

导体的电阻虽然很小，但其电阻总是客观存在的。因此，电流通过导体时要消耗一定的电能，这部分电能转化为热能，使导体温度升高，并使其周围的其他材料受热。对于电动机和变压器等带有铁磁材料的电气设备，电流除通过导体产生的热量外，还在铁磁材料中产生热量。因此，这类电气设备的铁芯也是一个热源。

当电气设备的绝缘性能降低时，通过绝缘材料的泄漏电流增加，可能导致绝缘材料温度升高。

由上面的分析可知，电气设备运行时总是要发热的。但是，设计、施工正确及运行正常的电气设备，其最高温度和其与周围环境温差（即最高温升）都不会超过某一允许范围，如裸导线和塑料绝缘线的最高温度一般不超过70℃。也就是说，电气设备正常的发热是允许的。但当电气设备的正常运行遭到破坏时，发热量要增加，温度升高，达到一定条件，可能引起火灾。

引起电气设备过热的不正常运行大体包括以下五种情况：

（1）短路。发生短路时，线路中的电流增加为正常时的几倍甚至几十倍，使设备温度急剧上升，大大超过允许范围。如果温度达到可燃物的自燃点，即引起燃烧，从而导致火灾。

引起短路的常见情况包括：①电气设备的绝缘老化变质，或受到高温、潮湿或腐蚀的作用失去绝缘能力；②绝缘导线直接缠绕、勾挂在铁钉或铁丝上时，由于磨损和铁锈蚀，使绝缘破坏；③设备安装不当或工作疏忽，使电气设备的绝缘受到机械损伤；④在雷击等过电压作用下，电气设备的绝缘可能遭到击穿；⑤在安装和检修工作中，由于接线和操作的错误等。

（2）过载。过载会引起电气设备发热。造成过载的原因大体有两种情况：①设计时选用线路或设备不合理，以至在额定负载下产生过热；②使用不合理，即线路或设备的负载超过额定值，或连续使用时间过长，超过线路或设备的设计能力，由此造成过热。

（3）接触不良。接触部分是发生过热的一个重点部位，易造成局部发热、烧毁。下列几种情况易引起接触不良：①不可拆卸的接头连接不牢、焊接不良或接头处混有杂质，都会增加接触电阻而导致接头过热；②可拆卸的接头连接不紧密或由于振动变松，也会导致接头发热；③活动触头，如闸刀开关的触头、插头的触头、灯泡与灯座的接触处等活动触头，如果没有足够的接触压力或接触表面粗糙不平，会导致触头过热；④对于铜铝接头，由于铜和铝电性能不同，接头处易因电解作用而腐蚀，从而导致接头过热。

（4）铁芯发热。变压器、电动机等设备的铁芯，如果铁芯绝缘损坏或承受长时间过电压，涡流损耗和磁滞损耗将增加，使设备过热。

（5）散热不良。各种电气设备在设计和安装时都要考虑设计一定的散热或通风措施，如果这些部分受到破坏，就会造成设备过热。

此外，电炉等直接利用电流的热量进行工作的电气设备，工作温度都比较高，如安置或使用不当，均可能引起火灾。

2. 电火花和电弧

一般电火花的温度都很高，特别是电弧，温度可高达 3000～6000℃，因此，电火花和电弧不仅能引起可燃物燃烧，还能使金属熔化、飞溅，构成危险的火源。在有爆炸危险的场所，电火花和电弧更是引起火灾和爆炸的一个十分危险的因素。

电火花大体可分为工作火花和事故火花两类。

工作火花是在电气设备正常工作时或正常操作过程中产生的，如开关或接触器开合时产生的火花、插销拔出或插入时的火花等。

事故火花是线路或设备发生故障时出现的，如发生短路或接地时出现的火花、绝缘损坏时出现的闪光、导线连接松脱时的火花、熔丝熔断时的火花、过电压放电火花、静电火花以及修理工作中错误操作引起的火花等。

此外，还有因碰撞引起的机械性质的火花，如灯泡破碎时，炽热的灯丝有类似火花的危险作用。

### 三、电气火灾的预防

根据电气火灾和爆炸形成的主要原因，电气火灾应主要从以下方面进行预防：

（1）要合理选用电气设备和导线，不要使其超负载运行。

（2）在安装开关、熔断器或架线时，应避开易燃物，与易燃物保持必要的防火间距。

（3）保持电气设备正常运行，特别注意线路或设备连接处的接触保持正常运行状态，以避免因连接不牢或接触不良，使设备过热。

（4）要定期清扫电气设备，保持设备清洁。

（5）加强对设备的运行管理。要定期检修、试验，防止绝缘损坏等造成短路。

（6）电气设备的金属外壳应可靠接地或接零。

（7）要保证电气设备的通风良好，散热效果好。

### 四、电气火灾的扑救常识

1. 电气火灾的特点

电气火灾与一般火灾相比，有两个突出的特点：

（1）电气设备着火后可能仍然带电，并且在一定范围内存在触电危险。

（2）充油电气设备，如变压器等受热后可能会喷油、甚至爆炸，造成火灾蔓延且危及救火人员的安全。

因此，扑救电气火灾必须根据现场火灾情况，采取适当的方法，以保证灭火人员的安全。

2. 断电灭火

电气设备发生火灾或引燃周围可燃物时，首先应设法切断电源，必须注意：

（1）处于火灾区的电气设备因受潮或烟熏，绝缘能力降低，所以拉开关断电时，要使用绝缘工具。

（2）剪断导线时，不同相导线应错位剪断，以防线路发生短路。

（3）应在电源侧的导线支持点附近剪断导线，防止导线剪断后跌落在地上，造成电击或短路。

（4）如果火势已威胁邻近电气设备，应迅速拉开相应的开关。

（5）夜间发生电气火灾，切断电源时，要考虑临时照明问题，以利扑救。如需要供电部门切断电源，应及时联系。

3. 带电灭火

如果无法及时切断电源，而需要带电灭火时，应注意：

（1）应选用不导电的灭火器材灭火，如干粉、二氧化碳、1211 灭火器，不得使用泡沫灭火器带电灭火。

（2）要保持人及所使用的导电消防器材与带电体之间有足够的安全距离，扑救人员应带绝缘手套。

（3）对架空线路等空中设备进行灭火时，人与带电体之间的仰角不应超过 45°，而且应站在线路外侧，防止电线断落后触及人体。如带电体已断落地面，应划出一定警戒区，以防跨步电压伤人。

## 第五节　常用设备的防火与灭火

### 一、电力变压器

1. 电力变压器的防火

（1）变压器容量在 120MVA 及以上时，宜设固定喷雾灭火装置。缺水地区的变电站及一般变电站宜用固定的 1211、二氧化碳或排油充氮灭火装置。

（2）油量为 2500kg 及以上的室外变压器之间，如无防火墙，则防火距离不应小于下列规定：

35kV 及以下　　　5m

63kV　　　　　　6m

110kV                  8m

220～500kV            10m

（3）若防火距离达不到以上规定，应设置防火隔墙。防火隔墙应符合以下要求：

1）防火隔墙高度宜高于变压器储油柜顶端 0.3m。

2）防火隔墙与变压器散热器外缘之间必须有不小于 1m 的散热空间。

3）防火隔墙应达到国家一级耐火等级。

（4）室外单台油量在 1000kg 以上的变压器应设置储油坑及排油设施，并应定期检查和清理储油坑卵石层，防止被淤泥、灰渣所堵塞。

（5）变压器防爆筒的出口端应向下，并防止产生阻力，防爆膜宜采用脆性材料。

（6）变压器运行防火要求。

1）加强对变压器的运行监视，认真做好巡回检查，特别应注意对引线、套管、油位等部位的检查和油温、声音的监视，变压器不准长期过负荷运行。

2）检查油冷却装置运行情况是否正常，备用冷却装置应完好。潜油泵应定期检查，必要时应更换轴承。防止潜油泵进油处出现负压，吸入潮气。

3）强迫油循环风冷及强迫油循环水冷的变压器，运行中必须投入冷却系统。

4）遇异常天气（大风、雷雨、雾天、下雪等），应根据现场具体情况，增加检查次数。

5）变压器运行中应坚持油色谱跟踪，当发现油中产生的乙炔大幅度上升时，应立即将变压器停运检查；轻、重气体保护同时动作，经气体化验属于可燃气体时，变压器也应停运检查试验。

6）加强对变压器油的运行维护，保护油的良好性能，严防潮气、水分或其他杂物进入油内。

7) 变压器附近应保持清洁无可燃物品，装设的消防设施应完好可靠，存放的灭火器材应充足。

(7) 变压器检修维护中的防火要求。

1) 变压器防爆膜应采用适当厚度的玻璃和层压板等脆性材料制成，不得用铅皮、铜皮等韧性材料代替。

2) 对分接开关可能产生悬浮电压的拔叉，应采取等电位连接。DW 型无载分接开关操作杆应有防悬浮电位引起局部放电的措施。

3) 新更换的套管应有局部放电测试记录，并进行微水分、油色谱、介质损耗、电容量、局部放电等测定，经合格后才能投入使用。

4) 在变压器附近使用喷灯、电焊、气焊等明火作业时，火焰与导电部位距离应符合以下规定：10kV 及以下，大于 1.5m；10kV 以上，大于 3m。并应办理动火工作票。动火现场应设置一定数量的消防器材。

5) 进行变压器干燥时，工作人员必须熟悉各项操作规程，事先做好防火安全措施，并防止加热系统故障和绕组过热烧坏变压器。

6) 变压器放油后进行电气试验，如测量直流电阻或通电试验，严防因感应高压或通电时发热引燃油纸等绝缘物。

7) 在变压器吊检时，一定要防止碰伤、踩伤、扭伤绝缘；特别是从人孔进入内部检查时，因内部的空间较小而引线较多，不得碰撞或蹬踩绝缘，检修中要严防杂物遗留在变压器内。

2. 电力变压器火灾的扑救

(1) 当发现变压器起火后，应立即组织人员进行扑救，同时向有关领导和消防机构报警。

(2) 检查起火变压器所连接的开关是否已自动切断，若未切断，应立即将起火变压器所有高、低压侧断路器和隔离开关全部切断，以便对火灾扑救。发电机—变压器组中间因无断路器，变压器失火时，在发电机灭磁和停转之前严禁靠近变压器进行灭火，灭火时应满足安全距离的要求。

（3）停止变压器冷却器的运行并切断电源。室内变压器应停止通风系统运行，切断通风电源，减少空气流通。

（4）如果套管闪络或破裂，变压器的油溢至顶盖上着火，则应设法打开变压器下部的放油阀，将油放入储油坑内，使其油面低于破裂处。开启放油阀时，应用喷雾水枪对变压器外壳冷却并与操作人员隔离，以防变压器爆炸而危及操作人员的安全。操作人员应戴防毒面具，穿防火耐火服。同时，对起火的变压器应迅速使用喷雾水枪、干粉灭火器、1211灭火器或中型泡沫车等进行扑救。

（5）当变压器内确实有直接燃烧危险或外壳有爆炸的可能时，必须在采取可靠安全防护措施的前提下，用喷雾水枪喷洒变压器外壳冷却变压器，喷水强度应符合规范要求。变压器冒烟停止后，还应继续对变压器进行喷水冷却，持续延长15min左右。在这种情况下不应开放油阀，以防止内部出现油气空间，形成爆炸性混合物而引起爆炸。

（6）如果变压器外壳破裂，喷油燃烧，应采用喷雾水、泡沫（或1211）、黄砂进行灭火，并设法将油流导入储油池。池内和地上油火应用大量泡沫灭火剂扑救。对于有可能被变压器火势波及的其他设备，应及时采取隔离或停电措施。变压器喷出的着火油流应采用砂土堵挡，防止进入电缆沟内。若电缆沟内已蔓延油火，应立即用砂土、泡沫覆盖，将火扑灭，并堵死油流。

（7）当变压器着火并威胁到装设在其上方的电气设备，或当烟雾、灰、油脂污染或飞落到正在运行的设备和架空线上（如升压站、开关站等）时，应立即断开这些设备的电源，同时采取其他的隔离防护措施。对相邻设备有威胁时，应开启防火墙的水幕装置或采用多支水枪在设备之间形成隔离水幕。

（8）大型变压器和洞内变压器应装设固定式水喷雾、1211、泡沫喷雾等灭火装置，以便迅速而有效地扑灭变压器火灾。

【实例 8 - 4】 1997 年，某发电厂两台高压厂用变压器着火，原因是对碎煤机送电时开关插头接触不良产生弧光，引起 6kV Ⅰ段母线短路，导致 1 号高压厂用变压器套管爆炸起火，3 台机组全停。在扑救 1 号高压厂用变压器火灾时，未及时切断电源，带电扑救火灾，错用泡沫灭火器，导致 1 人死亡、4 人重伤、6 人烧伤。

## 二、燃油系统

### （一）燃油系统防火的重要性

火力发电厂的油区储存着大量的燃油。在卸油、储存、输送、投油使用中，稍有不慎就会发生火灾，其后果不堪设想。因为燃油是一种易燃易爆液体，而且油温和油压都比较高。如果炉前的燃油管断裂，或油枪、阀门、法兰的垫子破裂时大量燃油喷出，一旦溅落到高温热体上或遇到明火，顷刻间就可形成大火。特别是燃油罐内容易挥发出大量易燃易爆油气，如果遇到静电放电、金属碰击产生的火花，就能引起爆炸、火灾事故。由于油罐储量大，油料燃烧猛烈、蔓延快，一旦失火很难扑灭。

除燃油电厂用作锅炉燃料的重油或原油外，燃煤电厂锅炉点火也要用燃油，因此火力发电厂也都备有燃油储存罐、油泵房、锅炉用油设施及相应的管道设备系统。轻油的闪点和燃点比重油低，所以轻油危险性比重油大很多。特别是炉前管道、油枪漏油，遇到附近高温热体极易着火；油泵房、截门间、地下沟道漏出的油，蒸发的油气与空气混合达到一定浓度时，一遇明火（火星）就会着火爆炸。另外，发电厂的高温蒸汽管道通过油管沟道时，沟内盖板密封，散热条件差，沟内温度过高时，也会引起积油自燃着火爆炸。为此，从事油区管理和燃油系统检修及运行工作的值班人员，应重点抓好油区防火、防爆工作，时刻警惕燃油系统火灾事故的发生。

（二）燃油系统的防火

1. 一般要求 （油区）

（1）发电厂内应划定油区，油区周围必须设置围墙，围墙高度不应低于 2m，并挂有"严禁烟火"等明显的警告标示牌。

（2）油区必须制定油区出入制度，入口处应设门卫，进入油区应登记，并交出火种。不准穿钉有铁掌的鞋和容易产生静电火花的化纤服装进入油区。

（3）油区一切电气设备均应选用防爆型，电力线路必须是电缆或暗配线，不准有架空线。油区内一切电气设备的维护，都必须停电进行。

（4）油区内应保持清洁，无杂草、无油污，不得储存其他易燃物品和堆放杂物，不得搭建临时建筑。

（5）油区周围必须设有环形消防通道，通道尽头设有回车场。通道必须保持畅通，禁止堆放杂物。油区内应有符合要求的消防设施。

（6）禁止电瓶车进入油区，机动车进入油区时应加装防火罩。

（7）油区检修用的临时动力和照明的电线，应符合下列要求：

1）电源应设置在油区外面。

2）横过通道的电线，应有防止被轧断的措施。

3）全部动力或照明线均有可靠的绝缘及防爆性能。

4）禁止把临时电线跨越或架设在有油或热体管道设备上。

5）禁止临时电线引入未经可靠地冲洗、隔绝和通风的容器内部。

6）用手电筒照明时，应使用塑料手电筒。

7）所有临时电线在检修工作结束后，应立即拆除。

（8）在油区进行电、火焊作业时，电、火焊设备均应停放在指定地点；不准使用漏电、漏气的设备；相线和接地线均应完整、牢固，禁止用铁棒等物代替接地线和固定接地点；电焊机的接地线应接在被焊接设备上，接地点应靠近焊接点，并采用双线接地，不准采用远距离接地回路。

（9）从油库、过滤器、油加热器中清理出来的余渣应及时处理，不得在油区内保留残渣。

2. 卸油区（站）

（1）油车、油船卸油加温时，应严格控制温度，原油不超过45℃，柴油不超过 50℃，重油不超过 80℃，进入油罐的燃油蒸汽加热温度不超过 250℃。

（2）火车机车与油罐车之间至少有两节隔车，才允许取送油车。在进入油区时，机车烟囱应扣好防火线网，并不准开动送风器和清炉渣。行驶速度应低于 5km/h，不准急刹车，挂钩要缓慢，车体不准跨在铁道绝缘毂上停留，避免电流由车体进入卸油线。

（3）打开油车上盖时，禁止用铁器敲打。开启上盖时应轻开，人应站在侧面。卸油沟的盖板应完整，卸油口应加盖，卸完油后应盖严。卸油过程中，值班人员应经常巡视，防止跑、冒、漏油。

（4）卸油区必须有避雷和接地装置，输油管应有明显的接地点。油管道法兰应用金属导体跨接牢固。每年雷雨季节前须认真检查，并测量接地电阻。防静电接地每处接地电阻值不宜超过30Ω，露天敷设的管道每隔 20 ～ 25m 应设防感应接地，每处接地电阻不应超过 10Ω。

（5）卸油区内铁路必须用双道绝缘与外部铁道隔绝。油区内铁路轨道必须互相用金属导体跨接牢固，并有良好的接地装置，接地电阻不大于 5Ω。

（6）油船卸油时，应可靠接地，输油软管也应接地。

（7）在卸油中如遇雷雨天气或附近发生火灾，应立即停止卸油作业。

（8）油车、油船卸油时，严禁将箍有铁丝的胶皮管或铁管接头伸入仓口或卸油口。

3．油罐区防火堤

（1）地上和半地下油罐周围应建有符合要求的防火堤。防火堤应采用非燃材料建造，堤高宜为 1 ~ 1.6m。用土质建造的防火堤顶宽不小于 0.5m。防火堤的实高应比计算高度高出 0.2m。防火堤内的平地，从油罐基础向堤内侧基脚线应有一定的排水坡度，一般为 5‰ ~ 1‰，并应有下水道或水封井，下水道应设闸门控制。地上油罐或半地下油罐的外壁到防水堤的内侧基脚线的距离，应符合国家颁布的规程设计要求。

（2）防火堤内所构成的空间容积，应不小于堤内地上油罐总储量的 1/2，且不小于最大油罐的地上部分储量。如堤内只有一个油罐，则其容积应不小于油罐的全部容积。对于地下油罐，可按油罐露在地面上的储量计算。

对于浮顶油罐，不应小于堤内单罐或罐组中最大罐容量的一半。

当固定顶油罐与浮顶油罐混合布置在同一罐组内时，防火堤内的容积按两种中较大值计算。

（3）防火堤应保持坚实完整，不得挖洞、开孔。如工作需要在防火堤上挖洞、开孔，应采取临时安全措施，并经主管部门批准。在工作完毕后应及时修复。

4．储油罐

（1）油罐顶部应装有呼吸阀或透气孔。储存轻柴油、汽油、煤油、原油的油罐应装呼吸阀；储存重柴油、燃料油、润滑油的油罐应装透气孔和阻火器。呼吸阀应保持灵活完整；阻火器金属丝网应保持清洁畅通。运行人员应定期检查，使其经常保持良好状态。金属油罐应装设固定的冷却水装置和泡沫灭火装置。

（2）油罐侧油孔应用有色金属制成。油位计的浮标同绳子接触的部位应用铜材制成。运行人员应使用铜制工具操作。量油孔、采光孔及其他可以开启的孔、门要衬上铜或铝。

（3）油罐区应有排水系统，并装有闸门。着火时关闭闸门，防止油从下水道流出扩大火灾事故。污水不得排入下水道，从燃油中沉淀出米的水，应经过净化处理，达到"三废"排放标准后方可排入下水道。

（4）油罐应有低、高油位信号装置，防止过量注油，使油溢出。

（5）油罐区必须有避雷装置和接地装置，油罐接地线和电气设备接地线应分别装设。

（6）进入油罐的检修人员应使用电压不超过 12V 的防爆灯，穿不产生静电的工作服及无铁钉的工作鞋，使用铜质工具。严禁使用汽油或其他可燃、易燃液体清洗油垢。

（7）油罐动火时应注意以下防火要求：

1）动火油罐应在相邻油罐的上风或侧风。

2）将动火油罐与系统隔离，并上锁。清出罐内全部油品，并冲洗干净。

3）拆开动火油罐所有管线法兰，油罐侧通大气，非动火的管道侧加盲（堵）板。

4）打开动火油罐各孔口，用防爆通风机从不同位置进行通风，且时间不少于48h。在整个动火期间通风机不得停止运行。

5）拆开管线法兰和打开油罐各孔口到动火开始这段时间内，周围50m半径范围内应划为警戒区域，不得进行任何明火作业。

6）每次动火前用测爆仪在各孔口处和罐内低凹、焊缝处以及容易积聚气体的死角等处测量气体浓度，最好用两台以上测爆仪同时测量，以防失灵。

7）当油罐间距不符合要求时，应在动火油罐侧设置隔离屏障。

8）按油罐着火的事故预想，做好一切扑救准备工作。

5. 油泵房

（1）油泵房应设在油罐防火堤外，与防火堤间距不得小于

5m。油泵房门窗应向外开放，室内应有通风、排气设施，油泵房与操作室的监视窗应设双层玻璃。

（2）油泵房及油罐区内禁止安装临时性或不符合要求的设备和敷设临时管道，不得采用皮带传动装置，以免产生静电引起火灾。

（3）泵房内应采用防爆型电动机、开关和防爆照明灯具。

（4）禁止油泵长时间空转，以免摩擦发热引起油气燃烧；油泵盘根不能过紧，以免发热冒烟起火；油泵结合面和管道法兰使用的垫子，禁止使用橡胶垫或塑料垫，应用石棉纸或青壳纸。

（5）油泵房内应布置蒸汽灭火管道，并配备泡沫灭火器。

（6）油泵房的地下穿墙管道和电缆孔洞等必须严密坚实封堵，防止渗水、渗油、漏水、漏油，并与油罐用防火墙可靠隔离，防止油罐爆炸着火后延燃至油泵房。

（7）油泵房内应保持清洁，渗漏在地面上的油应及时清除。

6. 其他方面

（1）燃油管道及阀门应有完整的保温层，当周围空气温度在25℃时，保温层表面一般不超过35℃。油管道、阀门、法兰附近的高温管道保温层上应包裹铁皮，防止燃油喷漏到高温管道引起着火。

（2）燃油设备检修时，应尽量使用有色金属制成的工具。如使用铁制工具时，应采取防止产生火花的措施，如涂黄油、加铜垫等。燃油系统设备需动火时，按动火工作票管理制度办理手续。

（3）在燃油管道上和通向油罐（油池、油沟）的其他管道（包括空管道）上进行电、火焊工作时，必须采取可靠的隔绝措施。靠油罐（油池、油沟）一侧的管路法兰应拆开通大气，并用绝缘物分隔。冲净管内积油，放尽余气。

（4）从油库、过滤器、油加热器中清理出来的余渣应及时处理，不得在油区内保留残渣。

（三）燃油系统火灾的扑救

1. 油管道火灾

（1）油管道泄漏、法兰垫破裂、喷油遇到热源起火，应立即关闭阀门，隔绝油源或设法用挡板改变漏油喷射方向，不使其继续喷向火焰和热源上。

（2）使用泡沫、干粉等灭火器扑救或用湿石棉布覆盖灭火。大面积火灾可用蒸汽或水喷雾灭火，地面上油着火可用砂子、土覆盖灭火。附近的电缆沟、管沟有可能受到火势蔓延的危险时，应迅速用砂子或土堆堵，防止火势扩大。

2. 卸油站

（1）卸油站发生火灾时，如油船、油槽车正卸油时，应立即停止卸油，关闭上盖，防止油气蒸发。同时应设法将油船或油槽车拖到安全地区。

（2）不论采取何种卸油方法，都应立即切断连接油罐和油船（油槽车）的输油管道，防止火势蔓延到油罐、油船（油槽车）。

（3）密闭式卸油站火灾，应停止卸油，隔绝与油罐的联系，查明火源，控制火势。如沟内污油起火，应用砂子或土首先将沟的两端堵住，防止火势蔓延造成大火。如沟内敷设油管，应用直流消防水枪喷洒冷却，并隔绝油管两侧阀门。此时必须注意，由于水枪喷洒，油火可能随水流淌蔓延。

（4）敞开式卸油槽火灾，如卸油槽完整无损，盖板未被爆炸波浪掀开，可将所有孔、洞封闭，采用窒息法灭火。如油槽已遭破坏，应迅速启动固定的蒸汽灭火装置灭火。

3. 油泵房

（1）油泵电动机着火应切断电源，用二氧化碳、1211 灭火器灭火。

（2）油泵盘根过紧摩擦起火，用泡沫、二氧化碳灭火器灭火。

（3）油泵房，尤其是地下泵房应有良好的通风装置，防止油气体积聚。当发生爆炸起火时，应采用水喷雾灭火。若设有固定蒸汽灭火装置，应立即启动该装置灭火，也可用泡沫、二氧化碳、干粉等灭火器灭火。

4. 油罐

（1）关闭罐区通向外侧的下水道、阀门井的阀门。

（2）罐顶敞开处着火，必须立即启动泡沫灭火系统向罐内注入覆盖厚度 200mm 以上泡沫灭火剂。金属油罐还应启动冷却水系统，对油罐外壁进行强迫冷却。

图 8 - 14　水封法灭火

（3）用多支直流消防水枪从各个方向（适当避开逆风方向）集中对准敞口处喷射，封住罐顶火焰，使油气隔绝、缺氧窒息，从而割切灭火，如图 8 - 14 所示。

（4）油罐爆炸、顶盖掀掉、发生大火按上述执行。若固定泡沫灭火装置喷管已损坏，应设法安装临时喷管，然后向罐内注入泡沫灭火剂进行扑救。若以上方法不奏效，则必须集中一定数量的泡沫、干粉或 1211 消防车，从油罐周围同时喷向火焰中心进行扑救。

（5）油罐爆炸后，如有油外溢在防火堤内燃烧，应先扑救防火堤内的油火，同时采用冷却水冷却油罐外壁。

（6）为防止着火油罐波及周围油罐，在燃烧的油罐与相邻油罐间用多支直流消防水枪喷洒形成一道水幕，隔绝火焰和浓烟。同时，将相邻油罐的呼吸阀、透气孔用湿石棉布遮盖，防止火星进入罐内。

（7）有条件的情况下，应将失火油罐的油转移到安全油罐内，但必须注意着火油罐油位不应低于输出管道高度。

（8）火势扑灭后，要继续用泡沫或消防水喷洒，以防止复燃。

5．油船、油槽车

（1）油船、油槽车着火起始阶段，如油船、油槽车完整无损，应立即将敞开的口盖盖米，使火势因缺氧而自行熄灭。

（2）油船着火时需进行冷却，切断与岸上有联系的电源、油源，拆除卸油管道，然后用泡沫和水喷雾扑救。水面上如有漂浮的油，应用围油栏堵截。

（3）油槽车着火应立即将未着火的槽车拖到安全的地区，如油口外溢起火可用砂子、土围堵，将火势控制在较小的范围内，然后用足够数量的泡沫、干粉和水喷雾灭火器扑救。

【实例 8 - 5】 1982 年，某发电厂试验 2 号炉油枪时，来油管道法兰胶皮垫刺开，油喷溅到热风管道上起火。火势蔓延烧坏锅炉控制电缆，造成机组被迫停运，如图 8 - 15 所示。

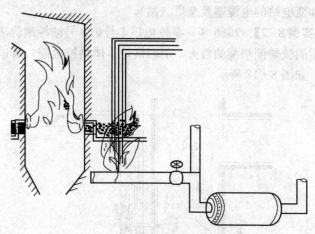

图 8 - 15　油管道破裂着火

油泵房油气浓度达到爆炸极限时，遇到静电火花或电气设备火花及违章明火，瞬间形成大火。

【实例 8 - 6】 1995 年，某发电厂进行 1 号油罐与 2 号油罐的污油管连接工作时，1 号油罐上污油管阀门未关，火焊时引爆了

291

污油管内的油气，导致 1 号油罐爆炸着火（2200t 燃油），持续
37h 才将火扑灭，如图 8 - 16 所示。

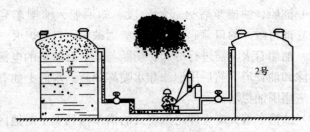

图 8 - 16　油罐爆炸着火

### 三、电缆

1. 电缆防火的重要性

在电力生产中，电缆的应用十分广泛，数量很大；尤其是发
电厂和变电站的电缆遍及全厂（站）。

【实例 8 - 7】　1986 年，某发电厂 1 号炉 4 号油枪油管法兰普
遍使用的胶垫刺垫漏油着火，引燃锅炉本体热控电缆，被迫停机
检修，如图 8 - 17 所示。

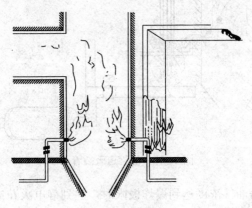

图 8 - 17　电缆着火一

【实例 8 - 8】　1988 年，某水电厂两次由于电焊火花掉入电

缆沟内,引燃沟内可燃物造成电缆着火,共破坏电缆 14 000 根,直接经济损失达 10 多万元,如图 8-18 所示。

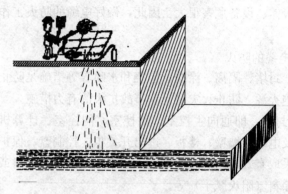

图 8-18　电缆着火二

**【实例 8-9】**　电缆着火蔓延造成集控室设备烧损。某日,某发电厂一根 380V Ⅵ段 3 号炉电动门盘至零火 3 号炉 2 号磨煤机旁 4 号车间专用盘的电源电缆,在 3 号炉 2 号磨煤机入口右上方电缆桥架处发生短路起火,引燃其下部的架板和架杆,大量的竹木脚手架起火,又引燃上方桥架上的大量控制电缆和部分电力电缆,加之锅炉零米空气流通,使得电缆火势在脚手架火势的助燃下迅速蔓延,造成:①3 号炉磨煤机间大部分电缆烧损,4 号炉磨煤机间靠集控室电缆夹层处部分电缆烧损,集控室夹层电缆大部分烧损,2 号高压备用变压器到 6kV Ⅳ段配电室高压电缆损坏,共烧损电缆约 34.223km;②集控室内控制柜、操作台、保护盘上电气、热工的控制、测量、指示、调节、保护等元器件和二次线大部分烧损;③厂用 6kV Ⅳ段四面配电柜和 3 号炉 2 号磨煤机两面车间专用盘以及集控室甲组蓄电池损坏;④2 号高压备用变压器高压侧 B、C 相套管,低压侧两组套管损坏,两组冷却器损坏,两组低压分裂绕圈变形,电压互感器小间内配电设备损坏的设备严重烧损事故。

因此可见,如果电缆防火工作做不好,一旦着火,危害极大。电缆火灾不论何种原因引起，一旦着火都具有火势凶猛、延燃迅速、扑救困难、烟气危害、损失严重、恢复时间长等特点，所以对人体、设备危害很大。因此，做好电缆的防火工作是十分重要的。

2. 电缆的防火

(1) 封堵、隔离、涂刷、包绕和水喷雾等措施是防止电缆火灾、隔绝火源、防止火灾蔓延和事故扩大的有力措施。

1) 封堵。即通向主控室、集控室、网控室、计算机室、电缆夹层及电缆穿墙壁、楼板、进出开关柜、控制盘、保护盘的孔洞，应采取有效的阻燃封堵措施，如采用无机防火涂料或油灰状的防火涂料（阻火腻子）等。

2) 隔离。电缆隧道和重要电缆沟应设置阻火墙；在动力和控制电缆之间应设置层间耐火隔板；电缆隧道、廊道、夹层等部位，有裸露电气设备时，应有可靠的分隔措施；在电缆竖井中，宜每隔约 7m 设置阻火隔层等。

3) 涂刷、包绕。动力电缆中间接头盒的两侧及邻近区段应采用防火涂料，包带作阻火延燃处理；在阻火墙两侧电缆区段上，应施加防火涂料或阻燃包带；锅炉房、汽机房、输煤栈桥等处易受着火影响的电缆，应涂刷防火涂料或包绕阻燃包带等。

(2) 如需在已完成电缆防火措施的电缆层上新敷设电缆，必须及时补做相应的防火措施。

(3) 电缆廊道内宜每隔 60m 划分防火隔段。

(4) 严禁将电缆直接搁置在蒸汽管道上，架空敷设电缆时，电缆与蒸汽管净距不应小于 1m（电力电缆）和 0.5m（控制电缆）。

(5) 电缆夹层、隧（廊）道、竖井、电缆沟内应保持整洁，不得堆放杂物。电缆沟洞严禁积油。

(6) 在电缆夹层、隧（廊）道、沟洞内灌注电缆盒的绝缘剂时，熔化绝缘剂工作应在外面进行。

（7）进行扑灭隧（廊）道、通风不良的场所的电缆头着火时，应戴氧气呼吸保护器及绝缘手套，并穿绝缘鞋。

（8）加强电缆运行中的防火工作：

1）应及时清除电缆隧道、沟道内的积水、积灰、积油，在附近进行明火作业时，应防止火种进入电缆隧道、沟道内。

2）对大容量电力电缆、重要电缆和电缆接头盒，应标明电缆的允许负荷电流，以便于运行人员定期检查和记录电缆的运行情况。

3）发现电缆温度过高、过载时，应立即向有关领导汇报，并采取适当的通风或其他相应措施。

4）定期检查电缆隧道、沟、竖井、夹层、电缆架等处的电缆防护层是否有放电损坏现象，支架必须牢固、无锈蚀现象。

5）电缆头应保持清洁，套管无裂纹、破损和放电痕迹，绝缘胶无渗出现象，无漏油及过热。电缆应定期进行预防性试验。

6）电缆线路的正常电压，一般应不超过电缆额定电压的15%；电缆的长期允许工作温度应不超过电缆运行规程或制造厂的规定。

7）电缆隧道、电缆沟、电缆夹层应有充足的照明和灭火器材。在上述地方动火时，应采取以下防火措施：①工作地点严禁使用竹木脚手架；②工作前，应在工作地点设置遮栏，悬挂"在此工作"标示牌，在工作地点设置一定数量的灭火器及黄砂，动火工作时应有专人监护；③动火作业前，应用石棉板将附近电缆遮挡，必要时应切断电源；④作业时，应按规定与导电部分保持一定安全距离；⑤喷灯点火、加油及熔融绝缘剂，不得在电缆隧道、电缆沟（夹层）内进行操作，并远离电缆架；⑥工作结束后，应仔细清理现场，不得将可燃物品、火种、杂物遗留在沟道内，并应及时封堵因施工而凿开的孔洞，恢复电缆沟道内的防火墙、阻火墙、防火门等防止着火和火灾蔓延的设施。

3. 电缆火灾的扑救

（1）电缆着火燃烧后，应立即切断电源，根据起火电缆所经过的路线、特征、其他信号、光字牌和设备缺陷情况，进行综合判断，找出起火电缆的故障区段（或故障点），同时应组织人员迅速进行扑救。

（2）当敷设在电缆排架上或电缆沟中的电缆发生燃烧时，与其并排敷设的电缆若有燃烧的可能，也应将这些电缆的电源切断。其顺序是：先切断起火电缆上面的电缆，再切断两边电缆，最后切断下面的电缆。

（3）在电缆起火时，为防止蔓延，减小火势，应将电缆沟和竖井的隔火门关闭或将两端堵死，以阻止空气流通，采取窒息方法进行扑救。如果没有隔火门，可采用石棉灰、黄土、黄砂、湿棉被等物品将各孔洞堵死，这种方法对于范围较小的电缆沟道较为有效。

（4）扑救电缆沟道中或类似地方的火灾时，扑救人员应尽可能戴防毒面具及绝缘手套，穿绝缘鞋，以防中毒、触电等。为预防高压电缆导电部分接地产生跨步电压，扑救人员不得走近故障点，并不得用手直接接触或搬动电缆。

（5）扑救电缆火灾时，应使用1211、二氧化碳、干粉灭火器，也可使用黄土和干砂进行覆盖。如果用水灭火，则应使用喷雾水枪，并应切断电源后进行。如果电缆沟道内着火，扑救时难以靠近火场，待电源切断后，则可向沟内灌水，将故障点用水封住，火即自行熄灭。

（6）在装有火灾自动报警装置的发电厂或变电站，报警装置动作以后，应根据报警方位，迅速启动消防装置，并组织消防人员及值班人员到火场进行扑救。

（7）带电灭火。电缆火灾发生后，火势蔓延迅速，情况紧急，为了争取灭火时机，防止火势扩大，须尽快灭火。但有时因为生产的需要无法切断电源，则需要带电灭火。

1）电缆火灾初期。此时火势较小，可迅速使用二氧化碳、1211、干粉等灭火器直接灭火。这些灭火器所使用的灭火剂是不导电的，故可用来带电灭火。但应注意人体及灭火器具与带电体之间距离应大于最小带电作业距离。

2）电缆火灾扩大。当电缆火灾蔓延扩大后，用一般的消防器具难以将火扑灭时，可用水带电灭火。电缆带电灭火具有一定的危险，但只要采取可靠措施，可以安全而有效地将电缆火灾扑灭。

如果采用直流水或双级离心式喷雾水枪进行带电灭火，泄漏电流更小，灭火更安全。

# 第九章

# 电力企业安全文化

一个企业可能采取了最先进的设备和工艺，同时也可以制定完善的管理制度和操作规程。先进的工艺设备意味着先进的安全技术，可以解决物的不安全状态问题，完善的管理制度和操作规程可以为安全管理提供可靠保障，能够最大限度地避免人的不安全行为问题。从事故致因理论角度而言，可以最大限度地避免事故的发生。然而，从核电厂事故的经验教训中人们发现，安全问题还是没有得到最好的解决。除了安全技术与安全管理外，人们还需要解决安全问题的第三种手段，这就是安全文化。

## 第一节 安 全 文 化

### 一、安全文化的本质及内涵

1. 安全文化概念的提出

安全文化就是指人们为了安全生活和安全生产所创造的文化。据统计，所发生的事故中有 70%～85% 是由于违章操作、违章指挥和违反劳动纪律造成的。这些"三违"现象，与人的文化素质有很大的关系，所以倡导安全文化，提高负责安全劳动安全卫生管理干部和职工的安全素质，是搞好安全生产的重要措施。安全文化不是突然提出的概念，在管理科学研究中就强调了环境和人的素质，而环境和人的素质都与安全有着密切的关系。严密的管理体系、培训和教育，都与文化有密切的联系，素质（单位和个人）都需要文化来提高。特别是发展市场经济，必然要有高文化与之相适应，经济活动的物质生产必然要有高文化与之相适应，经济活动的物质生产必然要紧密地与文化结合在一起。

安全文化的概念是 1986 年国际原子能机构在总结切尔诺贝利核泄漏事故中人为因素的基础上明确提出的，而客观上安全文化早已存在，只是这场灾难性的事故使安全文化变得更加重要。1991 年国际核安全咨询组又发表了《安全文化》专著，深入地论述了安全文化的定义和特征。安全文化对决策层、管理层、执行层有不同的要求。为了易于推行，便于普及，还提出了一系列问题和定性的指标，用以衡量不同层次所应达到的安全文化程度，以使安全文化的推行起到提高生产中安全度的作用，使"安全文化"这一抽象的概念成为一种具体的、有实用价值的概念。安全文化是本质的、有效的事故预防机制，是管理科学的发展和提高，是对科学管理的补充和升华。

2. 安全文化概念的本质

国际核安全咨询组第 4 号报告中提出：安全文化是存在于单位和个人中的种种特性和态度的总和。它反应的既是态度问题，又是体制问题；即关系到单位，又关系到个人。安全文化与每个人的文化修养、思维习惯和工作态度以及单位的工作作风紧密地联系在一起。安全文化由体制和个人响应两个主要方面组成。体制涉及上层，由政策和管理者的活动所确定。同时个人的认识和能力也非常重要，因为机制、制度再健全，但个人不去积极响应，也无济于事。因此，一个单位整体的安全文化层次的高低，由这两个方面决定。

3. 安全文化的内涵

安全文化是以"人"为本，以文化为载体，通过文化的渗透提高人的安全价值观和规范人的行为，它既包括执行者，也包括决策层和管理层。人在保证"安全第一"中是最积极、最活跃的因素。领导者、组织者安全素质和修养的提高，是单位安全文化水准提高的保证，全员安全素质和修养的提高是单位安全文化水准的基础。安全文化侧重于对人的观念、意识和态度方面。因为，任何一种管理活动都是人的活动。生产中的安全保障活动，人的活动是最重要的。规范人的行为，文化的作用是最积极的、最有效、最根本的。安全文化就是由现行的以安全系统工程为标志的科学管理方法，注入更多的文化内涵，在强化对物和事管理的同时，更突出的、更多的是关注人的需要，不断提高人的安全价值观。观念的建立是安全文化的重要内涵，旨在形成有利于确保安全的价值观念、精神风貌、思维方式、职业行为规范、舆论、风俗、习惯和传统，等等。安全文化体现为一定的规章制度加上正确的人的行为规范，以形成安全高于一切的氛围。其作用是约束个人行为和人际关系，养成正确的思维习惯，调动职工重视和改进安全工作的积极性，将安全置于绝对优先地位变成每一个人的自觉行动，使全体职工在"安全第一"这个共同的价值观念指导下，凝聚到一个共同的方向，保证人和物安全目标的实现。

**二、企业安全文化及企业安全文化建设**

1. 基本概念

安全文化应用于企业安全管理中就成为企业安全文化，其核心问题就是人的问题。

企业安全文化建设就是要在企业的一切方面、一切活动、一切时空过程之中，形成一个强大的安全文化氛围，一个企业员工在这种氛围之中，其一切行为将自然地规范在这种安全价值取向和安全行为准则之中，别无选择。建设企业安全文化，用安全文化造就具有完善的心理程序、科学的思维方式、高尚的行为取向和文明生产生活秩序的现代人，是我国企业经营管理者在经营中的长期一贯追求。

建设企业的安全文化必须要有一套计划，这种计划是为了数年的发展或改变现有企业文化，改变现有企业安全不良状况而采取的策略。制订安全计划要考虑企业组织内的职能、目标以及职责之间相互关系和外在因素的影响。因此，制定企业安全文化发展规划则是企业高级管理人员的责任，他们应做出这个规划，用生动多样的形式宣讲这一规划，并动员、组织企业各层次人员参与实施这个规划。

2. 企业安全文化的基本功能

影响安全的因素有物质的，也有人为的，并且绝大多数事故是由人的不安全行为引起的。物质的因素随着科学水平的提高和生产技术的发展正逐步改善，而人的因素则更加显现出来。人是保证安全生产，防止事故发生的计划者、执行者、控制者，但往往也是事故的引发者、责任的承担者、后果的受害者。人的不安全行为一般都不是员工故意作为，而是由于安全意识淡薄、安全素质不高造成的。要实现根本的安全，必须大力加强安全文化建设。

作为企业文化的重要组成部分，企业安全文化是企业在安全生产实践中，经过长期积淀，不断总结提炼形成的，为企业所倡导，为全体员工所认同并自觉遵守的本企业的安全价值观和行为准则。它是通过安全文化力的导向功能、凝聚功能、激励功能、约束功能来营造安全氛围，培育安全理念，增强安全意识，规范安全行为，实现从"要我安全"向"我要安全"、"我会安全"的转变，不断提高企业安全生产水平。

安全文化强调"以人为本"，突出人性化管理。它通过全体员工认同公司安全理念，激发员工的安全意识，使个体的安全认知、需求和满足及自身的行为与组织的目标达到相互渗透、和谐统一，从根本上改进安全生产状况，确保人身、设备和电网安全。它的基本功能是：

（1）导向功能。通过广泛的理念教育、宣传攻势，使每一个员工、合作伙伴以及广大客户认同、接受公司的安全理念，遵从公司的安全行为准则。

（2）凝聚功能。企业安全文化依靠员工所认同的共同愿景、中长期目标、准则、观念等把员工的思想和行为统一起来，把人力资源作为企业第一资源，加大对员工的培养、选拔和使用力度，营造关心人、理解人、尊重人的良好氛围，不断提高员工的忠诚度，努力造就出忠诚、敬业、勤奋、关心人、爱护人、尊重人的团队。

（3）激励功能。使每一个员工都能够把自己的安全需求、家庭幸福与企业的安全生产紧密联系起来，并产生强大的激励作用，坚定信念，做到我要安全、我懂安全、我会安全。

（4）约束功能。当安全观念、安全伦理道德在员工思想上扎根，员工掌握安全科技知识后，自觉地按安全的要求去约束自己，去规范自己的行为，使安全意识成为一种自觉心理，转化为规范的安全行为。

### 三、安全文化分类的内容

1. 安全文化的分类

安全文化分为两类：一类是社会生活基础安全文化，如日常生活起居安全、用电安全、煤气使用安全、道路交通安全等；另一类是专业性工作安全文化，如发电机、变压器、输配电线路稳定运行的安全要求，氢、六氟化硫的安全生产要求等。

2. 企业安全文化的分类

企业安全文化分为两类：

第一类为行为规范结构，包括企业内部各类规章制度，如锅炉运行规程、事故处理规程、调度规程、电力的"两票三制"等。

第二类为精神理性结构。它是企业安全文化的理性部分，包括员工的职业道德、企业精神、为用户服务的思想，还包括企业员工对安全重要性的认识，并与行为成为统一体。

3. 日常生活安全文化的内容

（1）与日常生活有关的一般安全知识，如安全的法律知识、道路交通安全知识、防火灭火知识等。

（2）日常生活求助报警知识，如火警电话号码"119"、救护求助电话"120"、人身安全危急报警电话"110"等。

（3）日常用电安全知识，如家庭和企业内日常用电的一般安全知识等。

（4）自然灾害防护知识，如防止雷击、洪水、地震、塌方的先兆识别和逃生知识等。

（5）一般救护知识，如对触电、溺水人员的急救和内外伤一般救护知识等。

4. 专业性工作安全文化内容

专业性工作安全文化的共性部分由国家和行业颁发有关安全生产方面的法律、法规、规程、标准和规定，要求各企业共同执行，规范各企业安全行为。

个性部分安全文化内容由企业按国家有关方面法规等结合自身设备状况、人员状况制定本企业的安全规章制度、操作规程、工艺规范以及管理规范要求，使企业各级领导和广大员工的生产行为统一在共性和个性两个范畴内。

**四、电力企业安全立化指导思想和安全理念**

电力企业安全文化的指导思想是：坚持以人为本，按照建立和谐社会的基本要求，培育安全理念，增强员工的安全意识，提高员工安全技能，规范员工安全行为，最大限度地保障员工的身心健康、生命安全，努力为电力安全生产提供强有力的文化支撑。

电力企业的安全理念是：珍惜生命、心系安全。

（1）"安全就是生命，安全就是效益，安全就是幸福"。安全就如阳光、空气，没有安全就没有一切。坚持"安全第一、预防为主、综合治理"的方针，要求电力员工必须把安全生产作为第一位的责任；树立"安全为本"的思想，要求电力企业必须把安全生产作为最基本的工作。安全生产是企业和员工的共同追求。

（2）"除不可抗力，一切事故都是可以控制的。"发生事故总是有因果关系的，都是有规律可循的，而规律是可以认识和掌握的。企业的技术手段正在不断进步，管理水平也在逐步提高，尤其是员工的综合素质日益增强。毋庸置疑，安全生产是可以保障的。

电力企业安全管理的理念是：以人为本、科学规范。树立人力资源作为企业第一资源的观念。要加强人性化管理研究，加强员工的心理、行为和需求的研究，建立起完善科学合理的激励约束机制，形成正确的用人导向，努力实现管理制度、管理行为的人性化。要坚持思想政治工作，加强员工爱岗敬业、忠诚企业教育，建立科学规范的安全生产管理机制和工作机制。

**五、电力企业安全文化基本任务**

安全文化是使每一个人都能意识到安全的含义、安全的责任和安全道德，从而自觉规范自己和他人的安全行为，保护人的身心健康，尊重人的生命，科学安全地实现人的价值的文化。基本任务是培育安全理念，增强员工的安全意识，提高员工安全技能，规范员工安全行为；其核心是提高人们的安全素质，包括文化修养、风险意识、安全技能、行为规范、物质保障等；其目的是最大限度地满足员工的身心健康，生命安全。因此，电力企业安全文化建设要着重抓好以下工作：

1. 培育安全理念

安全生产的实践主体是人，人的安全意识的强弱直接影响安全生产的具体工作。通过安全文化思想建设，培育安全文化理念，树立群体安全意识，营造良好的安全氛围，提高员工整体安全素质，对人的不安全行为进行控制，达到以素质保安全、向素质要安全的目的。

安全思想教育以全体员工、家属为主要对象，长期反复进行思想、态度、责任、法制、价值观等方面的宣传教育，多角度地对全员进行安全文化渗透。通过各种形式的安全教育，充分阐释安全文化，大力传播安全文化，系统灌输安全文化，认真实践安全文化，唤醒人们对生命的关爱、对安全的关注，从根本上提高安全认识，提高安全觉悟，牢固树立"安全第一、预防为主、综合治理"、"人的安全与健康高于一切"的观念。

2. 规范安全行为

建设以人为本的安全生产机制和规章制度体系，建立健全安全生产保障体系、监督体系，推行标准化管理和规范化操作是电力安全管理的基础。通过倡导安全文化，开展安全宣传教育，使安全生产的法律法规深入人心，从而形成人人遵章守纪的良好氛围。

建立强有力的企业安全管理机制。要通过落实行政第一责任人为核心的责任制，建立起横向到边，纵向到底，高效运作，员工队伍思想业务、文化素质高的企业安全管理网络。要通过履行"社会监督"职责，形成上下结合，内外结合，奖惩严明，对各层次能进行有效监督的企业劳动保护监督体系。对生产性企业以及车间、班组建立"分组、分区"管理的预警机制，采取积极有效的预防事故措施，加强对生产过程的动态管理和闭环控制。

建立健全各项规程、规章制度。要通过完善企业安全管理各项基本法规、规章制度，使其科学、规范。重点是建立和完善员工学习、培训、考核、奖惩制度。坚持用"三铁"反"三违"，即用铁的制度、铁的面孔、铁的处理来反违章指挥、违章作业、违反劳动纪律。要通过技术进步提高本质安全。

推行标准化作业和规范化操作。要通过规范化管理、标准化作业，引导和规范职工在整个生产过程中养成良好的习惯，变重结果到管过程，变出了事故后追究责任为规范职工整个作业过程的行为，通过教育职工、培训职工，让职工严格按照每个过程、每个流程认真去贯彻落实，实现安全生产的可控和在控。

3. 提高安全素质

企业任何安全活动和工作，最根本的目的是使员工在岗位上安全地工作。员工是安全生产的直接操作者和实现者，因此安全文化行为建设就是要对员工的作业行为进行有效的管理，引导员工不断学习安全理论知识，加强岗位安全技能培训，改正作业过程中的不安全、不规范、不正确的操作方法，杜绝习惯性违章。要坚持从基础抓好、从基层抓起、从基本功抓起，切实提高安全行为能力。

提高员工的安全操作技能和自我保护能力，是控制事故的有效途径。各单位党政工团要广泛开展活动，努力提高员工业务技术素质和安全技能，建立学习、培训、考核、奖惩制度。提高员工自身业务技术素质和安全防护能力，增强员工按规程办事、按制度办事的自觉性，将遵章守纪化为员工的自觉行动，将员工的言行融入企业安全的整体氛围中。

4. 营造安全氛围

灌输安全理念、营造安全氛围，有利于员工养成自觉遵章守纪的良好习惯。因此，要以灵活多样的宣传形式和丰富多彩的文化环境来增强教育效果。

要通过广播、电视、报刊等开展形式多样的安全宣传活动、安全竞赛活动、"现身说法"活动、"我为安全献一计"活动等，引导广大员工由安全教育的客体转为安全教育的主体，达到自我教育的目的。

要在停电作业现场设置醒目的警示标志、安全警句和停带电范围示意图，在每个单位建立"安全文化教育室"，在车间走廊设置"心系安全，幸福全家"宣传栏，以此警示员工遵章守纪、珍惜生命、珍视安全。

## 六、企业安全文化评价

1. 评价企业安全文化的意义

推行安全文化不是权宜之计的口号，它不但是一种治标的手段，更是治本的工程；不单是生产及经营者要具有高度的安全文化，每一个职工、每一个国民都应具有高度的安全文化，这样才能形成安全文化氛围。

评价既是对企业安全文化状况的一种描述，也是为提高企业安全文化水平提供科学的依据。通过安全文化评价，可以把安全文化这样一个较为广泛的概念具体到企业每一个部门及每一个成员的身上，将软的文化转变为硬的行为模式，将软的、难以把握的安全价值观转变为硬的技术经济约束。安全文化一旦与生产实践结合起来就转变为经济，这种结合的技术之一就是评价。因此，安全文化评价不单是为了取得结论性的评语，评价过程本身就是对安全文化进行系统建设的过程，也就是安全文化转化为生产力的过程。

2. 企业安全文化评价的概念

安全文化的作用是使企业中每个成员都具有致力于以最高安全水平为共同目标的动机和实现这一目标的能力，具体体现在以下五个方面：

（1）每个成员对安全第一都有明确的认识。

（2）每个成员都具有与岗位相适应的安全科学技术知识和实践能力。

（3）企业决策层公开承诺对安全的技术经济投入，明确承担法律及经济责任，严格执行各管理层的安全责任制度。

（4）提出人机环境系统本质安全化建设的目标，制定明确的经济和法治的奖惩条件及实行方法。

（5）建立安全监督、检查及认证体制。

企业安全文化最终体现在企业安全文化管理及企业每一个成员的安全行为质量两个方面，企业成员又可以分为企业决策层、管理层及职工层三个层次。

3. 企业安全文化管理评价的内容

安全文化是对传统安全管理的一种升华，它在否定那些过时的安全观念的过程中，创造和更新了人们的安全观念，使理性的安全制度管理与非理性的安全意识有机地结合起来。

企业安全文化评价主要有以下八个方面：

（1）企业决策是否明确地提出对安全所承诺的责任，是否清楚地表明了实现安全第一的具体策略，决策层及管理层是否能向职工们解释企业的安全方针、策略和实施方案。

（2）是否经常把安全列为重要议题，对重大安全问题是否邀请安全专家作询问，是否常作出改善安全状况的决议。

（3）是否有内容具体的安全生产各级领导责任制度，是否有定期的群众性考评，并能公开结果。

（4）是否根据国家、政府及行业的安全法律、条例、规范及技术标准制定和完善本企业的安全法规及技术标准。

（5）是否设有专职安全监督及管理人员，职责是否明确，经费是否落实，人员是否经过专门的培训，是否有定期的提高性培训及考核标准，数量是否能适应生产的需要。

（6）对重大事故的调查处理是否及时，是否有检查"四不放过"的程序。

（7）是否定期开展安全性评价及安全检查，并具有对事故隐患整改的计划、检查及考评程序，特别是对于重大事故隐患是否明确，是否有确保安全的整改方案与进度。

（8）是否严格执行"三同时"程序，另外，对新购及自己设计的装备是否有本质安全状况审查。

4. 班组及个人安全文化评价的内容

班组及个人安全文化的内容因工作性质及担当的职务不同而异。但是，安全责任心都表现为探索的态度，勤于学习，安全工作精益求精，自我完善，对安全的承诺及主动承担义务。这里仅将这些共性的部分归纳为以下八个方面：

（1）职工是否了解企业对安全的承诺及决策，是否了解企业安全生产的状况，是否知道安全指标及安全指标最近变化的趋势，是否知道最近发生的险情及安全奖惩事例。

（2）接到任务时，是否抱着研究的态度分析自己对工作任务的适应和不适应之处，特别是对全新的任务，是否明确有哪些不懂的地方需要学习或请人讲解。

（3）在一项工作开始之前，是否认真地思考工作程序，如果已给出工作程序，是否在弄懂每一步的具体要求之后才动工，是否知道本班组或个人需完成的工作程序中还有哪些方面没有把握，是否请人帮助。

（4）是否知道每一步操作可能出现的失误、故障及其后果，是否知道防止失误和故障的方法及万一出现失误和故障的对策。

（5）是否明确自己在每一步工作中所负的安全责任及应遵守的纪律，是否能杜绝一切违章违纪。

（6）职工对待安全教育、培养及训练的态度如何，是否认真参加培训并能作详细的记录，是否经常相互交流发现事故隐患及排除隐患纠正失误的经验，是否经常提出安全新建议。

（7）是否经常组织职工分析不安全行为，鼓励每位员工去发现工作中的不完善之处，并鼓励改正，避免重犯，坚持安全作业的员工是否得到人们的称赞。

（8）班组长是否能担当好承上启下的责任，是否知道本岗位实施"四不伤害"的方法，是否能带领职工认真分析本班组的安全情况及事故隐患，并能认真整改，是否认真推行班组安全安全讲话、安全日记及安全考核等。

**七、企业安全文化的应用**

深入、广泛地推行安全文化这一管理科学，改变和提高安全状况，是世界进入高科技时代对管理科学提出的要求，是客观需要。如何在实践中运用，需要有个时间过程，不能急于求成，必须在实践中理解，在理解中实践，不断完善和提高。安全文化的应用主要从以下几方面着手：

1. 安全文化是企业文化的一部分

企业在创业和发展的过程中，文化因素发挥着积极的推动作用。特别是在市场经济的发展中，企业形象在市场竞争中的作用非常重要。如：明星企业效应，名牌产品效应，就是证明。企业素养提高的根本在于企业文化的建设。而安全文化不是孤立存在的，它是企业文化的一部分，是企业文化整体的一个有机组成部分。企业的安全文化，就是要实现人的价值和生产价值的统一。所以，建立安全文化必须从提高企业整体文化素养入手，这是基础。所不同的是安全文化的着眼点是"人"，即包括工人，更包括决策层和管理层。企业全体职工整体文化素养的提高，是安全文化的基础。但这不否定文化机制建设的重要作用。

2. 安全文化建设需要自上而下循序渐进

安全文化不是自然形成的，需要从领导层开始以机制、法规、制度带头规范和约束自己的行为、作风，自上而下灌输，以身作则，严格要求。只有这样才能在企业内逐步地营造安全文化的气氛。文化是思想才能的培养和开发，需要有明确的、合适的文化根据去指导。因为，人的安全价值观的牢固树立，需要由低级到高级的渐进过程。人的思维方式、观念、习惯、作风，不仅受传统观念的影响，还需要时间，有一个渐进的过程，不能急于求成。推行安全文化这一管理方法，领导的积极倡导、教育和培训是最重要的，要使每个人都具有探索的工作态度、严谨的工作方法以及必要的相互交流，以调动职工重视和改进安全工作的积极性。正确认识安全文化的作用，理解安全文化的内涵，促使安全文化气氛的形成，是改变当前安全状况之"本"，

3. 安全文化的培育需要全员参与

安全是每个人自身生存的第一需要。人的活动是动态的，安全文化的推行必须通过具有群众性和动态特征开展工作。企业内部运行机制的各个环节，每个职工都要参与，机制的运作和个人的响应要相辅相成，缺少哪个方面都无法推行安全文化。特别是"安全文化是至高无上的观念"的形成，企业安全文化的气氛的造就，都要通过每一个人去实现。这样才能最大限度地调动每个人的积极性，使其才智得以最大的发挥。另外，对企业内部严格的约束机制和有效的激励机制运行，提高每个职工的自觉性是最重要的。安全文化的实质就是使每个人的安全行为由不自觉渐变到自觉，由"强制执行"到"自我遵守"，进而发展到"主动接受、自我监管"。这是由"要我安全"到"我要安全"质的变化，实现安全意识的自我飞跃，无疑需要广泛地发动群众，依靠群众，全员积极参与。

4. 健全组织、充实人员是推行安全文化的前提

当前，我国正处在市场经济的发展时期，出现了许多新情况和新问题。在安全工作上突出的表现是一些企业在转换经营机制过程中，单纯地追求效益，撤、并、减了安全机构和人员，安全工作职责不清，劳动纪律松弛，致使安全工作失控，形势恶化，转变这一状况是当务之急。安全文化是改善和加强安全工作的有效管理方法，需要有健全的机制和个人的积极响应。试想没有安全工作机构和人员，谈何安全管理，推行安全文化更无从谈起。安全文化的推行，是在现有机制上的提高和升华，是高层次的。健全的机构和高素质的人员是推行安全文化的基础。如不迅速改变这一情况，要想推行安全文化，把安全工作提高到一个高水平是不可能的。

5. 大力开展安全文化的宣传工作

安全文化的推行，需要由低级到高级的渐进过程。企业的安全文化不是自然形成的，而是需要积极的开导，提高与普及相结合。为此，在提高上应结合我国国情并针对安全工作上存在的具体问题和薄弱环节。加强对安全文化理论与实践的研究；探索出符合中国国情的安全文化，积极开展安全文化专题讲座，在普及上应加大安全文化的宣传力度。当前应把安全文化的宣传放在首位，使每个人对安全文化的概念内涵有所了解。只有普及，才能提高。试想，人们对安全文化都不了解，又怎能去运用。也只有大力宣传，使民众普遍对安全文化有所了解，造就一个良好的安全文化氛围的大环境才有可能实现。

## 第二节　安全生产管理和安全生产方针

### 一、安全生产管理

安全，指控制危险，不发生事故，未造成人身伤亡、资产损失。因此，安全不但包括人身安全，还包括资产安全。

安全生产管理，是指经营管理者对安全生产过程进行的策

划、组织、指挥、协调、控制危险的一系列活动，目的是保证在
生产经营活动中的人身安全、财产安全，促进生产发展，保持社
会的稳定。

安全生产长期以来一直是我国的一项基本国策，是保护劳动
者安全健康和发展生产力的重要工作，必须贯彻执行；同时也是
维护社会安定团结，促进国民经济稳定、持续、健康发展的基本
条件，是社会文明程度的重要标志。

安全与生产的关系是辩证与统一的关系，而不是对立的、矛
盾的关系。安全与生产的统一性表现在：一方面生产必须安全，
安全是生产的前提条件，不安全就无法生产；另一方面，安全可
以促进生产，抓好生产，为员工创造一个安全、卫生、舒适的安
全环境，可以更好地调动员工的积极性，提高劳动生产率和减少
因事故带来的不必要损失。

**二、安全生产方针**

方针是一个国家或政党确定引导事业前进的方向和目标。从
建国初期到现在，我国安全生产方针不断变化，即随着我国政
治、经济的发展而逐渐变化。到目前我国的安全生产方针共发生
了三次变化，即由"生产必须安全，安全为了生产"，到"安全
第一、预防为主"，再到"安全第一、预防为主、综合治理"。从
我国安全生产方针的变化，可以看出我国安全生产工作在不同时
期的不同目标和工作原则。

我国现行的安全生产方针是："安全第一，预防为主，综合
治理"。安全第一，就是要求在工作中把安全始终放在第一位，
当安全生产和经济效益、生产效率发生冲突时，必须首先保证安
全。预防为主，要求我们在生产的全过程时刻注意预防安全事故
的发生。综合治理，是综合运用经济、法律、行政等手段，人
管、法治、技防多管齐下，并充分发挥社会、职工、舆论的监督
作用，实现安全工作的综合治理。

"安全第一、预防为主、综合治理"的安全生产方针是一个

有机统一的整体。安全第一是预防为主，综合治理的统帅和灵魂，没有安全第一的思想，预防为主就失去了思想支撑，综合治理就失去了政治依据。预防为主是实现安全第一的根本途径。只有把安全生产的重点放在建立事故隐患预防体系上，超前防范，才能有效减少事故损失，实现安全第一。综合治理是落实安全第一、预防为主的手段和方法。只有不断健全和完善综合治理工作机制，才能有效贯彻安全生产方针，真正把安全第一、预防为主落到实处，不断开创安全生产工作的新局面。

## 第三节　安全管理工作的有关经验交流

### 一、有关安全管理规定

（1）坚持一个方针：安全第一、预防为主、综合治理。

（2）安全生产工作的"两大体系"：保证体系、监督体系。

（3）"两措"计划：反事故措施计划、安全技术劳动保护措施计划。

（4）"两个意识"：自我保护意识、群众防护意识。

（5）"两交底"：技术交底、安全措施交底。

（6）"两票三制一参数"：工作票、操作票；交接班制、巡回检查制、设备定期试验轮换制；设备按规定参数运行。

（7）安全生产"三制"：领导责任制、目标责任制、安全质量责任制。

（8）"三零"：人员零违章、设备零缺陷、安全零意外。

（9）新人员上岗前"三级"教育：厂（局、公司）级、车间（工区）级、班组级。

（10）"四不伤害"：不伤害自己、不伤害别人、不被别人伤害、保护他人不受伤害。

（11）"三大措施"：组织措施．技术措施、安全措施。

（12）"三种恶性电气误操作"：带负荷拉、合隔离开关，带电挂（合）接地线（接地开关），带接地线（接地开关）合断路器（隔离开关）。

（13）反违章工作"三保"：个人保班组，班组保车间，车间保厂局（公司）。

（14）安全生产"三保"：保人身、保电网、保设备。

（15）"四不放过"：事故原因不清楚不放过，事故责任者和应受教育者没有受到教育不放过，没有采取防范措施不放过，事故责任者没有受到处罚不放过。

（16）"三级安全网"人员组成：企业安全监督人员、车间安全员、班组安全员。

（17）反违章工作做到"三理"：管理、伦理、法理。

（18）"三级"控制：企业控制重伤和事故，不发生人身死亡、重大设备损坏和电网事故；车间控制轻伤和障碍，不发生重伤和事故；班组控制未遂和异常，不发生轻伤和障碍。

（19）查禁违章的"三个"重点：查习惯性违章，查安全措施，查两票的执行过程是否有违章。

（20）"三无一带头"：工作无差错、作业（操作）无违章、行为无违纪，党员起模范带头作用。

（21）"三查三交"：查衣着、查三宝（安全帽、安全带、工具兜）、查精神状态；交任务、交安全、交技术。

（22）以"三铁"反"三违"：以"铁面孔、铁手腕、铁纪律"反"违章指挥、违章作业、违反劳动纪律"。

（23）"四字"作风：高、严、细、实。

（24）"四个凡事"：凡事有人负责、凡事有章可循、凡事有据可查、凡事有人监督。

（25）调度操作"四制"：操作命令票制、重复命令制、操作监护制、录音记录制。

（26）作业现场"四到位"：人员到位、措施到位、执行到位、监督到位。

（27）作业现场"四清楚"：作业任务清楚、危险点清楚、作业程序清楚、安全措施清楚。

（28）停电检修把"四关"：开工关、转移关、间断关、收工关。

（29）检修工作前做到"四检查"：检查设备名称、编号是否与工作票相一致，检查设备是否确已断开电源，检查工作地点确在地线保护之内，检查工作地点与带电设备距离是否符合规程要求。

（30）违章处理的"四个步骤"：教育、曝光、处罚、整改。

（31）电气"五防"：防止误分、误合开关，防止带负荷拉合刀闸，防止带电挂接地线，防止带接地线合闸，防止误入带电间隔。

（32）对易燃易爆和危险品执行"五双制度"：双人保管、双锁、双人领、双人用、双账。

（33）我要安全"十个一"：读一本安全生产的书或学一项安全生产规章制度；提一条安全生产建议；查一起事故隐患或一起违章行为；写一点安全生产体会；做一件预防事故的实事；看一场安全生产录像片；接受一次安全生产培训；忆一次事故教训；当一天安全检查员；搞一次安全生产签名活动。

（34）一强三优：电网坚强、资产优良、服务优质、业绩优秀。

（35）"三该干"：该干的会干，该干的认真负责干，该干的按规程要求干。

（36）安全大检查中的"五查"：查领导、查思想、查制度、查管理、查隐患。

（37）安全生产责任制原则：谁主管、谁负责。

（38）安全生产工作的三大目标：保证员工在电力生产活动中的人身安全，保证电网安全稳定运行和可靠供电，保证国家和投资者的资产免遭损失。

（39）安全检查"三定"原则：定人、定时间、定项目。

（40）消防工作"四会"：会报警、会使用灭火器、会扑灭初级火灾、会火场逃生。

（41）安全生产奖惩"八字原则"：以责论处、重奖重罚。

（42）安全性评价的结果"三不挂钩"原则：不与奖金挂钩、不与评比挂钩、不与领导业绩挂钩。

（43）事故调查处理的基本原则：实事求是、尊重科学。

（44）事故调查三项关键内容：事故原因、事故性质、事故责任。

（45）"三公"调度：公开、公平、公正调度。

（46）正确处理五种关系：安全与危险并存、安全与生产统一、安全与质量同步、安全与速度互促、安全与效益同在的关系。

（47）"五同时"，是指企业的领导和主管部门在策划、布置、检查、总结、评价生产经营的时候，应同时策划、布置、检查、总结、评价安全工作。

（48）"六个坚持"：坚持管生产同时管安全、坚持目标管理、坚持预防为主、坚持全员管理、坚持过程控制、坚持持续改进。

（49）"三个同步"：是指安全生产与经济建设、企业深化改革、技术改造同步策划、同步发展、同步实施。

**二、现场安全警语**

在生产实践中，人们用智慧甚至用生命和鲜血总结了许多安全警句、谚语，这些警语具有鲜明的针对性，对提高广大职工的安全意识、对搞好安全生产是很有益处的。广大电力职工们在工作中一定要牢记这些良言警语，把安全工作搞好。

（1）酒后工作，必生大祸。

（2）疏忽一时，痛苦一世。

（3）违章急干，不如不干。

（4）班前讲安全，思想添根弦。

(5) 一人出事故，全家受痛苦。

(6) 麻痹出事故，警惕保安全。

(7) 祸自麻痹起，灾从大意来。

(8) 大家休息好，上班安全保。

(9) 戴好安全帽，不怕"阎王"叫。

(10) 班前喝大酒，事故跟你走。

(11) 事故如恶鬼，规程是钟馗。

(12) 系好安全带，免得缠绷带。

(13) 有章不循是灾，不负责任是害。

(14) 与其事后痛苦，不如事前遵章。

(15) 出事哭天叫地，不如事前注意。

(16) 为了光明永驻，戴好防护眼镜。

(17) 雪怕太阳草怕霜，安全生产怕违章。

(18) 电是光明的使者，也是无情的杀手。

(19) 幸福系着千万家，安全靠着你我他。

(20) 条条规血写成，人人必须严执行。

(21) 苍蝇不叮无缝蛋，事故专找蛮人干。

(22) 氢气系统易爆炸，规章制度心上挂。

(23) 要想富，灭事故，安全是棵摇钱树。

(24) 安全生产勿侥幸，违章蛮干要人命。

(25) 你对规章不重视，事故对你不留情。

(26) 手握焊把火花闪，警惕火灾在身边。

(27) 制粉系统有火种，犹如八级大地震。

(28) 高空不系安全带，迟早给己带来害。

(29) 浓酸强碱不留情，请您务必多小心。

(30) 高高兴兴上班来，平平安安回家去。

(31) "保护"接错一根线，事故掉闸一大片。

(32) "两票三制"严把关，人身设备定安全。

(33) 放过一个事故隐患，等于埋颗定时炸弹。

(34) 事前三思安全一半，三思而行稳操胜券。

(35) 金钱不能代替生命，蛮干只会人财两空。

(36) 对朋友违章表示沉默，等于把朋友推向火坑。

(37) 安全是家庭幸福的保障，事故是人生悲剧的祸根。

(38) 工作疏忽是事故的萌芽。

(39) 上有老，下有小，出了事故不得了。

(40) 严是爱，松是害，发生事故坑三代。

(41) 安全一世、受益一生，疏忽一时、痛苦一辈。

(42) 生产再忙，安全不忘，安全一忘，事故必上。

(43) 班中讲安全，操作保平安。班后讲安全，警钟鸣不断。

(44) 安全靠规章，上岗不能忘，重在守规章，事故不难防。

(45) 违章操作等于自杀，违章指挥等于杀人，违章不纠等于帮凶。

### 三、安全生产十嘱咐

在电业生产岗位上工作，是具有一定危险性的。要保证安全，除了严格执行各项规程、规章制度外，工作人员工作时精力集中，情绪稳定、正常是很重要的。在电力企业中，有许多双职工家庭，还有包括子女四五个的职工家庭，因此除厂（公司）、车间（工区）、班（组）进行安全教育外，家属之间、亲人之间、子女之间经常互相进行一些嘱咐，对解除职工工作中后顾之忧，促使职工心情愉快、精力集中地工作，对保证安全生产的确是有益的。这些嘱咐有：

(1) 上班前看情绪，嘱咐亲人及子女注意安全，下班后看精神状态，询问是否安全无事。

(2) 细心照顾亲人和子女吃好、休息好，嘱咐上班前不要喝酒。

(3) 妥善处理好家务，嘱咐亲人不要为此操心，去掉后顾之忧。

(4) 上班前不要与亲人及子女生气、争吵，发现其情绪反常，要主动询问和安慰。

（5）相互之间经常嘱咐遵守劳动纪律，执行安全规程，不要蛮干。

（6）相互之间经常嘱咐工作要细致认真，不要马虎凑合，遇事要冷静处理，注意安全。

（7）经常嘱咐亲人及子女要互相关心，制止违章，确保大家都安全。

（8）发现亲人及子女发生违章现象后，要及时嘱咐认真总结经验，吸取教训，并做好思想工作。

（9）经常嘱咐亲人及子女安安全全上班，高高兴兴下班，不要给自己和家庭带来痛苦和不幸。

（10）经常嘱咐子女干活不要心急求快，要听从班长指挥，不脱岗，要学技术求上进，工作不出差错。

### 四、向 20 种人敲响安全警钟

（1）初来乍到的新工人。

（2）好奇爱动的青年人。

（3）变换工种的离行人。

（4）力不从心的老年人。

（5）急于求成的糊涂人。

（6）因循守旧的固执人。

（7）手忙脚乱的急性人。

（8）心存侥幸的麻痹人。

（9）不懂规程的盲目人。

（10）凑凑合合的懒惰人。

（11）冒冒失失的莽撞人。

（12）遇有难事的忧愁人。

（13）吊儿郎当的马虎人。

（14）受了委屈的气愤人。

（15）冒险蛮干的危险人。

（16）情绪波动的心烦人。

（17）满不在乎的粗心人。

（18）大喜大悲的波动人。

（19）投机省事的钻空人。

（20）不求上进的落后人。

# 参 考 文 献

[1] 李跃. 电力安全知识. 2版. 北京：中国电力出版社，2009.

[2] 山西省电力工会. 图解电力安全生产知识要诀. 北京：中国电力出版社，2006.

[3] 国家电网公司人力资源部. 国家电网公司生产技能人员职业能力培训通用教材 电力安全生产及防护. 北京：中国电力出版社，2010.

[4] 国家电网公司. 国家电网公司电力安全工作规程（变电部分）. 北京：中国电力出版社，2009.

[5] 国家电网公司. 国家电网公司电力安全工作规程（线路部分）. 北京：中国电力出版社，2009.

[6] 赵秋生. 电力企业班组长安全读本. 北京：化学工业出版社，2011.

[7] 王晋生，黄俊龙. 农电安全技术培训教材. 北京：中国电力出版社，2006.